忠诚于父母的期盼，忠诚于组织的要求；积极乐观地对待生活，积极乐观地对待事业；用真诚干事，用真诚敬业；用勇于承担责任求尽责，用勇于尽责求信任。这些认知，是我通过敬业做事，在多岗位获得一席立足之地的动力之源。

U0787687

践悟迹

JIAN WU JI

李春元 主编

中国环境出版集团·北京

图书在版编目（CIP）数据

践悟迹/李春元主编. —北京：中国环境出版集团，
2023.1
ISBN 978-7-5111-5385-2

Ⅰ. ①践… Ⅱ. ①李… Ⅲ. ①空气污染—污染
防治—文集 Ⅳ. ①X51-53

中国版本图书馆 CIP 数据核字（2022）第 244182 号

出 版 人 武德凯
责任编辑 黄 颖
文字编辑 梅 霞
封面设计 宋 瑞

出版发行 中国环境出版集团
（100062 北京市东城区广渠门内大街 16 号）
网 址：http://www.cesp.com.cn
电子邮箱：bjgl@cesp.com.cn
联系电话：010-67112765（编辑管理部）
010-67147349（第四分社）
发行热线：010-67125803，010-67113405（传真）

印 刷 玖龙（天津）印刷有限公司
经 销 各地新华书店
版 次 2023 年 1 月第 1 版
印 次 2023 年 1 月第 1 次印刷
开 本 787×1092 1/16
印 张 13.75
字 数 280 千字
定 价 38.00 元

编 委 会

主　　编　李春元

副 主 编　胡海鸽　李　瑾

编委会成员　卢艳丽　常玉春　田　硕　蔡尚波

用做事求立足

我在1980年年底参军入伍，经过了28年的军旅生活，后转业到地方环保部门工作，一晃又是14年，加一起共42年的工作经历，如今我已步入了退休年龄。

临退休前的这段日子，忽然想起还有一件事没有做。于是，忙里偷闲，把自己和几个同事2018年下半年以来在《人民日报》《中国环境报》《瞭望中国》新媒体和《廊坊日报》等刊发的几十篇关于生态环境的评论，收拢到一起，接续此前已出版发行的军旅新闻散文《梦痕集》和生态环境评论《思绿迹》《战霾迹》，定名出版这本《践悟迹》。

《践悟迹》实际上是接续2018年出版的《战霾迹》，把4年来刊发的生态环境评论归纳到了一起，共60篇。60篇只是巧合，与60岁退休没有直接关联。同时，为了让读者朋友们更全面地了解这些评论的诞生过程和创作背景，把当时媒体刊发的十几篇诞生在廊坊大气污染防治战场上的新闻作品附在了文后，供读者朋友们参阅。

《践悟迹》是在生态环境保护和治理实践战场上，特别是我本人历时10年始终参战的大气污染防治攻坚中，具体践行习近平生态文明思想的所思、所悟、所得，并将之用生态环境评论的方式表达出来，不仅对眼前的实际工作有良好的指导作用，也为记录这段工作留存下历史的足迹。

老百姓有两句俗语一直对我启示很深、教益很大。一句是“热爱是最好的老师”，另一句是“干什么就得吆喝什么”。这两句话实际上有一个共同的含义，就是启发人们要珍惜现有的工作岗位，带着热情去干事，用干事求立足，用真干事谋求精彩人生、幸福生活。

回顾42年的工作经历，我不敢说自己很成功，但我敢说自己不会因碌碌无为而懊悔。虽然能力不大，但是我始终在努力奋斗。无论是军旅生活，还是转战环保行业以后，我一直把自己爱好写作的一点点长处，在敬业干事中发挥到极致，用一技之长支撑干事，用干事求立足，并将其作为自我激励、自我奋进和引导、启发部属和年轻写作爱好者的基本动能。其间，我不仅写下了许多新闻稿件、新闻评论，还结合工作实践创作了长篇小说《战霾三部曲》。其中，中央级主流媒体对这部小说进行了持续5年的跟踪报道，小说在国内外引发了强烈反响，被新华社、《人民日报》誉为宣传环保知识的艺术教材、科学治霾的教科书、治霾战场的文学“利器”、中国治霾名片，社会影响十分强烈。先后加印 11 次，共出版发行 20 余万册，网民阅读量多达 1 亿人次，点评留言 3 万余条，还荣获了 2018 年河北省“五个一工程”奖。

忠诚于父母的期盼，忠诚于组织的要求；积极乐观地对待生活，积极乐观地对待事业；用真诚干事，用真诚敬业；用勇于承担责任求尽责，用勇于尽责求信任。这些认知，是我通过敬业做事，在多岗位获得一席立足之地的动力之源。

现实生活中有很多人同样生在农村、长在普通家庭、工作在普通岗位，但有的人因此抱怨“上边没人，家里没钱，一辈子都没有大出息”。而更多的人最终成就了事业，甚至成名，成为对社会公众、对人民有贡献、受尊敬的人。他们靠的是什么？无不是靠奋斗、靠敬业、靠干事，才成为在社会有立足之地，事业成功、家庭幸福的人。

我时常和部属讲，一个忠心耿耿干事的人，到哪里都会受欢迎；一个忠诚干事、不计报酬的人，优厚的回报早晚会降临到你身上；一个积极向上，主动作为的人，哪怕起点再低，也会有更多迈向成功的机遇；一个从每件小事做起，积极负责的人，一定能成为一个事业有成的人。

《践悟迹》是我离开岗位前，与同事和廊坊智慧环境生态产业研究院的同人，在大气污染防治岗位上留下的又一片足迹。这片足迹主要是《中国环境报》理论评论部连续 8 年聘请我担任该报特约评论员期间留下的，我很珍惜这个“特约”干点事儿，并与同人共勉、共进、共创的机会。

践行习近平生态文明思想之路还很远、很长，这片足迹通过中国环境出版集团的支持，很可能成为我接续退休生活再出发的一个新起点。愿读到、看到《践悟迹》的朋友多提宝贵意见。同时，借此平台，我也代表本书编写组，向几十年来给予我和同事工作、生活这样或那样真情帮助的朋友表示至诚敬谢。特别感谢《人民日报》国内政治部武卫政先生、《中国环境报》理论评论部主任刘蔚及其团队、《瞭望中国》新媒体主编张夏及其团队和《廊坊日报》总编辑杨启荣先生的鼎力支持和关爱。

李春元

2022 年 7 月 15 日

目　录

1

保蓝天要靠实干

刊于 2020 年 11 月 27 日《人民日报》5 版

把重污染天气应对工作超前谋划好、方案制定好、具体落实好，求真功、求实效。

进入秋冬季节以来，保蓝天的话题再次受到关注。在网上，关于“拉尼娜”的传闻时有传播。“拉尼娜”现象指的是赤道中、东太平洋海水表面温度与常年同期相比，大范围变冷，并且强度和持续时间达到一定程度的现象。一些人期待“拉尼娜”的到来，是因为冷空气会变得频繁，有利于污染物扩散。

事实上，从治霾一线来看，保蓝天不应该寄托于天气的偶然因素，而应该把大气污染防治落到实处。确保“十三五”时期蓝天保卫战圆满收官、“十四五”时期蓝天常在，应该摒弃侥幸心理，面对现实，立足当前，着眼长远，构筑保卫蓝天的制度堤坝。

要排除各种干扰，坚守靠实干才能保蓝天的信念。从落实“大气十条”到蓝天保卫战，实践经验告诉我们，持续改善空气质量，既不能靠风，也不能靠等，更不能被各种各样的错误认识所迷惑、所动摇，要始终如一坚持大气污染治理方向不变、力度不减。要抓住各项重点减排工程，一件事情接着一件事情办，一年接着一年干，一鼓作气干到底，无论“拉尼娜”来不来、起不起作用，都要坚决克服各种松懈麻痹思想，时刻保持战斗状态，把秋冬季的污染减排工作，特别是重污染天气应对工作超前谋划好、方案制定好、具体落实好，求真功、求实效。

要统筹谋划污染源管控工作，确保持续改善空气质量。在当前疫情防控常态化背景下，扎实落实好“六稳”“六保”和持续做好大气污染治理工作，必须立足大局，统筹安排。一些地方在今年秋冬季出现空气污染，与没有预先充分考虑疫情防控保障重点企业、重点工程建设项目排放量会对重污染天气造成影响有直接关系。笔者调查发现，一些城市制定的秋冬季减排清单中，尽管有全社会减排总量“大盘子”，但多数没有把上述保障企业在应急响应期间不限产、不停产所形成的污染量考虑进去，也没有安排其他减排项目抵消这些增加量，导致排放量增加，意外重污染在本地形成后又殃及邻市。当前和今后数月，要确保空气质量持续改善，完成秋冬季目标任务，就要尽快弥补好类似可能存在的工作漏洞。

同时，要精准做好重污染天气应对，通过落实重点工作保蓝天。自 2020 年以来，各地认真落实生态环境保护要求，大力倡导和践行精准治理、科学治理、依法治理。在实际工作中，还应在精准控污、精准抢争优良天、精准落实环保各项法规等方面下更大功夫，最大限度防治污染、保住蓝天。

2

“拉尼娜”来了治气攻坚可以松口气吗？

刊于 2020 年 11 月 24 日《中国环境报》3 版头条
载于 2020 年 11 月 23 日中国环境 App

“拉尼娜”来了会带来冷空气，有人认为大气污染防治可以喘口气了。果真如此吗？答案是否定的。

进入秋冬季以来，关于“拉尼娜”的传闻不少，还有人将其和空气质量挂上了钩。所谓“拉尼娜”，指的是赤道中、东太平洋海水表面温度与常年同期相比，大范围变冷，并且强度和持续时间达到一定程度的现象，一般 2～7 年发生一次。秋冬季气温越低，冷空气活动越频繁，越有利于大风天的形成，也越有利于污染物扩散。

秋冬季是形成大气重度污染天数最多、强度最烈、持续时间最长的时段。如果“拉尼娜”能够让整个冬季气温下降一二摄氏度，那么对打赢蓝天保卫战一定是有好处的。但进入秋冬季之后所发生的两轮重污染过程，提醒我们保蓝天不要把宝押在“拉尼娜”的头上，大气污染防治攻坚不要因为“拉尼娜”来了而松劲。

据媒体报道，10 月至 11 月中旬，京津冀及周边地区，大部分城市都因为重污染天气的反复来临，先后启动二级橙色和三级黄色应急响应。即便如此，一些城市仍然出现了中度及以上污染，特别是在 11 月中上旬的污染过程中，有的城市甚至出现两天日均重污染的情况。

笔者认为，“拉尼娜”来不来，与蓝天保不保得住没有直接关系，只是有一定程度的间接影响而已。

笔者浏览网上关于“拉尼娜”的一些动态信息也发现，“拉尼娜”到底来没来、到底对哪个区域降温真正发挥了作用，根本说不清道不明，仅仅是推测而已。因此，笔者认为，地方不能因为“拉尼娜”的到来，就在重污染天气应急管控中产生“松口气”的想法。在实际工作过程中，需要厘清靠什么才能保蓝天。

排除各种干扰，坚守靠实干才能保蓝天的信念。从落实“大气十条”到蓝天保卫战，近 8 年的实战经验告诉我们，持续改善空气质量，既不能靠风，也不能靠等，更不能被各种各样的传说所迷惑，要始终如一地坚定大气污染治理方向不变、力度不减的决心。抓住各项重点减排工程，一件事情接着一件事情办，一年接着一年干，一鼓作气干到底。坚决克服各种松懈麻痹思想，时刻保持战斗状态。把秋冬季的污染减排工作，特别是重污染天气应对工作超前谋划好、方案制定好、具体落实好，用人努力求真功、求实效，不能把保蓝天的期望寄托在其他外来因素上。

统筹谋划污染源管控工作，确保持续改善保蓝天。在当前疫情防控常态化的特殊背景下，要扎实做好“六保”“六稳”和持续做好大气污染治理工作。站位大局，统筹安排。一些地方之所以在今年秋冬季前两轮重污染过程中出现了意外程度的重度污染，与没有预先充分考虑疫情防控保障重点企业、重点工程建设项目的排放量对重污染天气形成的影响有直接关系。笔者调查发现，一些城市制定的秋冬季减排清单中，尽管有全社会总量减排的“大盘子”，但多数没有把上述保障企业在应急响应期间不限产、不停产所形成的污染量考虑进去，也没有安排其他减排项目替代这些增加量，所以导致排放量增加。当前和今后数月，要确保空气质量持续改善，确保完成秋冬季目标任务，就要尽快弥补好当前的工作漏洞。

精准做好重污染天气应对，用做实重点工作保蓝天。自 2020 年以来，各地认真执行精准治污、科学治污、依法治污要求。但在实际工作中，重污染天气应对具体工作不精准、区域统筹防控不科学、执法检查不能一视同仁等问题依然存在。这不仅给精准控污、精准抢争优良天、精准落实环保各项法规带来后患，也给在重污染天气情况下严肃执行应急法规、维护社会公平、最大限度争取全社会对环保工作的支持带来了不良后果，须引起重视。

3

企业错峰生产的好经别给念歪了

刊于 2018 年 10 月 31 日《中国环境报》3 版头条

把错峰生产和停限产的政策方向定歪了，会失去政策的严肃性，导致政策落实过程中严重变形、走样，可能会产生比“一刀切”更加严重的社会矛盾。因此，好政策必须通过严肃、科学、扎实的落实才会有好结果。

《京津冀及周边地区 2018—2019 年秋冬季大气污染综合治理攻坚行动方案》（以下简称《方案》）在明确提出避免错峰生产和应急停限产“一刀切”的同时，也明令提出严管严打严控的核心政策要求。但有的企业对“免错峰”“少限产”“不停产”有过高期望值，甚至有的地方出现了污染治理不达标企业伸手向当地政府要政策、要不切实际优待的新情况。

面对这种情况，有的地方政府和部门会“心软”，甚至可能会把错峰生产和停限产的政策方向定歪、定错，一旦如此，就会产生一系列严重的后果。比如，会对环保达标企业的积极性造成极大伤害，使国家用政策机制激励企业治污的初衷大打折扣。再如，不利于扭转和改变污染企业“劣币驱逐良币”的不公平市场竞争环境，会对推进经济高质量发展和生态环境高质量保护产生极大的负效益。又如，会失去政策的严肃性，导致政策落实过程中严重变形、走样，可能会产生比“一刀切”更加严重的社会矛盾，还会导致政府公信力受到损害。

好政策必须通过严肃、科学、扎实的落实才会有好结果。当前，我国生态文明建设和生态环境保护面临关键期、攻坚期、窗口期三期叠加的形势，仅通过常规监管，难以满足人民群众改善生态环境质量的强烈期盼。因此，必须全面落实中央各项部署和要求，以更加坚定的决心、更加坚决的行动，创新方式方法，坚决打好打胜污染防治攻坚战，不断满足人民群众对优美生态环境的需要。强化差异化错峰生产、应急，不是给污染开口子；推进“放管服”改革，也不是给污染开绿灯。因此，在避免错峰生产和应急停限产“一刀切”的工作上，应注意以下 3 个问题。

一是要坚持政策导向、问题导向。要着眼既有利于经济高质量发展，又有利于环境高水平保护的大局，坚定政治站位，提高思想认识，按照要求对具有合法手续且符合排放标准的企业，不能采取停产整治措施；对具有合法手续但没有达到排放标准的企业，要根据具体问题采取针对性措施；对没有合法手续又无污染治理设施的企业，要依法依规予以查处，切实把秋冬季防控企业错峰生产和应急响应停限产的政策执行到位。要以《方案》的要求为依据，以停限标准为支撑，把关定向，抓住重点行业、重点问题、重点时段，把握好政策界限，做出科学、合理、合法的安排。面对个别企业提出的不合理、不合法、不合政策的要求，要克服工作畏难情绪，树立大局意识，敢于较真儿碰硬，敢于担当尽责，绝不能让私心杂念越过政策雷池，更不能在执法、定策上“开小差”。

二是要把“盘子”做细定实。各地应结合当地产业结构、企业布局、污染源状况和企业实际，科学制定本地秋冬防控企业错峰生产和应急响应停限产“一企一策”和生产排放环节“一企多策”的细化方案，严谨政策设计和绩效评价，细化量化法律法规落实标准和措施。既要强力推动协同治理大气污染的政策落实，又要因地因时制宜、分类指导。既要严格落实国家明确的重点行业、重点停限任务，又要把本地一些特殊污染行业纳入管控“大盘子”，做到因事施策与综合施策相统一。既要保证错峰、停限产政策严格落实，又要认真研究企业的一些特殊情况，让应该享受政策优待的企业不吃亏，让污染企业钻不了空子、占不了便宜。既要充分考虑群众对生态环境改善的迫切需求，也要做好避免影响群众生活的工作。既要防止和避免“一刀切”，也要防止在执行政策上走偏。

三是要把政策措施定得公平、公正、公开。公平就是要顾大局、顺民心、合民意，公正就是要合理合法，公开就是要不遮、不掩、不盖，公开透明。秋冬季防控期间，京津冀及周边地区错峰生产和企业应急响应停限产涉及的企业面广数多，大到多个省市“一盘棋”协同防控，小到一个县（市、区）错峰和停限产单个行业，政府制定的政策措施是否能做到公平、公正、公开，不仅会直接影响企业担当、公众情绪和国家政策落实质量，还直接关系到社会公平、稳定和人民群众对蓝天的获得感。要让企业守好法，基层政府必须先把法规要求和标准交给企业，让企业明明白白；要让广大人民群众当好监督员、裁判员，基层政府必须先满足人民群众的知情权。因此，各地制定秋冬季防控企业错峰生产和应急响应停限产政策时，一定要做到全过程依托当地媒体和政府部门网站，把政策公开、把措施公开、把工作程序公开，让企业和公众成为落实政策法规的责任主体、监督者和舆情监控的主流群体。这不仅可以创建政策落实的好环境，还可以让公众真正成为熄灭给环保抹黑之“火”的知情者、主人翁。

4

防止“一刀切”须下实功夫

刊于 2018 年 11 月 21 日《中国环境报》3 版

既要防止停限产“一刀切”，又要防止放任失管；既要严肃落实相关政策标准，抓好“一企一策”落实，又要着眼现实，通过制定“一行多策”“一企多策”方案，防止“一企一策”表面化落实，用严格的方案，坚决向各类污染问题“切一刀”。

《京津冀及周边地区 2018—2019 年秋冬季大气污染综合治理攻坚行动方案》（以下简称《方案》）明确将钢铁、焦化、铸造、建材等行业列入秋冬季错峰生产管控范围。随之，很多地方都相继出台了配套政策措施、重点行业秋冬季差异化错峰生产要求和绩效评价指导性意见。但在实际工作中，笔者发现，有的地方在制定差异化错峰生产方案时，出现死抠文件、不顾现实等敷衍应对问题。

是对上级文件理解不全面，片面抓大丢小。《方案》虽然只对六大重点行业提出明确管控要求，但也明确提出巩固“散乱污”企业综合整治成果，有效应对重污染天气。这表明，无论是大区域的六大重点行业，还是小区域的传统行业，都应做到多排多限、少排少限，有污必治、有污必防。

二是把上级文件作为条框，拿行业“打包”定方案。有的地方在制定错峰和应急方案时，只是泛泛地按原则要求给某个行业定条框、列名单，而不是因企制宜、因情定案、因污定标，导致有些方案难以操作，形成了事实上的软型“一刀切”。

三是拿“缺少标准”当挡箭牌。过分迁就一些传统行业的污染问题，把一些长期存在的传统污染行业拒之错峰生产和应急响应方案外，成为难管、难切的“钉子户”。

笔者认为，形成上述问题的原因主要有 3 个：一是作为不够，留隐患。个别地方平时疏于监管，污染治理不力，导致养痈成患。面对严禁“一刀切”的政策要求，又不愿暴露矛盾，束手无策。二是不愿作为，酿就形式主义作风。个别地方定方案不愿做深入、细致的工作，怕吃苦、怕麻烦，敷衍应对。三是不会创新作为，拿不出解决问题的新办法，服务能力缺失。

笔者所在地区结合本地实际情况，采用“让政策直接与企业见面、让专家直接与企业对接、让部门直接为企业服务”的办法，把企业差异化错峰生产方案定准、定全、定实、定到位，实现了总体上符合政策标准要求、细节上能够让方案真正落实、落地。笔者认为这一有益做法有 3 点值得推广借鉴。

第一，坚持把治污功夫下在平时。坚定落实国家治污政策要求，狠抓去产能、治理燃煤污染等工作，抓住当地传统产业片区污染问题，采用政府引导、协会牵头、以企业为主体、公众参与的办法，依照法规要求，制定传统产业排放标准，补齐标准缺失。同时，通过“白名单”政策，鼓励企业有污早治，推动当地传统产业通过立策明标、重组兼并，走出一条产业转型升级、污染超低排放之路，扭转“劣币驱逐良币”的现象。

第二，坚持专家引路，请专家把脉定盘。通过持续开展污染源普查，为企业制定“一企一策”治污方案。对各行业企业污染排放和治理成果做到底数清、情况明，为制定本地区各类企业秋冬季错峰生产和夏季防臭氧污染错峰生产方案提供有力支撑。通过建立“专家与企业家会客厅”机制，让驻市“一市一策”专家组和原有 $PM_{2.5}$ 专家防治小组密切合作，借助“会客厅”，向企业宣传国家好政策、解读新标准。组织专家对当地各类传统产业聚集区开展专题调研，深度了解企业治污、排污状况。通过面对面与企业核实污染状况，与企业一起将错峰生产和应急响应停限产的“盘子”定到每个行业、每个车间、每条生产线和每个排放环节，让企业口服心服。

第三，坚持服务到企、跟进到家、帮助到位，用优质服务提升方案落实质量。坚持以开展“放管服”改革为抓手，一手抓监管、一手抓服务。不仅对列入重点行业的企业实行“点对点”服务，帮助企业制定治污规划，对积极率先达标治理企业实施奖补，免费为免错峰达标企业“验明正身”提供证据，而且对环保不达标的传统产业企业主动作为，分类施策，引导和指导企业治理污染、解决问题。

落实差异化错峰生产的政策标准和要求，是一项政策性强、牵扯面广的工作，关系社会公平、政府形象、治污大计，容不得敷衍应对、丢三落四。因此，既要因地制宜、严谨设计、主动作为，补齐政策标准上的短板，又要分类指导、分类施策；既要防止停限产“一刀切”，又要防止放任失管；既要严肃落实相关政策标准，抓好“一企一策”落实，又要着眼现实，通过制定“一行多策”“一企多策”方案，防止“一企一策”表面化落实，用严格的方案，坚决向各类污染问题“切一刀”。

5

防止预案不实带来不良后果

刊于 2019 年 8 月 16 日《中国环境报》3 版

按照生态环境部的统一部署，各地正在紧锣密鼓地按照《关于加强重污染天气应对夯实应急减排措施的指导意见》（以下简称《指导意见》）要求，开展 2019—2020 年秋冬季重污染天气应急预案制定及企业应急减排清单的修订工作。

应急预案定得实不实，减排清单编得实不实，不仅事关年度大气环境质量改善任务的完成，事关党和政府的公信力，事关蓝天保卫战的成败，而且对应急工作的落实、企业发展、相关城市和责任人，都有不同层面、不同程度的影响。从 2018—2019 年秋冬季的实际情况和《指导意见》已经明确的相关要求、保障措施来看，应急预案定得不实、减排清单编得不实，可能会产生以下 5 个方面的不良后果。

一是给应急减排成效带来不利影响。2018—2019 年秋冬季，由于受气象条件波动等因素影响，重污染天气频繁出现，导致京津冀及周边地区很多城市大气污染指数不降反升。但仔细分析生态环境部蓝天保卫战和重点督察检查向各地反馈的问题可以看出，导致污染指数不降反升的原因中，气象条件仅是客观因素。主观上，各地在重污染天气应急期间，预案编制不实和企业减排措施落实不好是重要原因之一。

一些城市清单定得虚、编得假、落实差，通过反馈问题显而易见。有的地区在一两个重污染过程中，就被发现有上百个企业存在不落实、不真落实、不知怎么落实减排措施等问题。有“病”的应急减排预案，在不利天气来临时，不但没有起到控污治“病”的作用，反而雪上加霜，严重影响了区域协同防控质量和成效。按照《指导意见》的规定，如果发现有企业减排清单编制不实、应急响应落实不到位，将会被直接降级、移出保障清单，直至责令停止排放污染物。

二是给高质量发展带来不利影响。企业应急减排清单和减排措施定得不实、措施“一刀切”、预案偷工减料，不仅会大大削弱应急减排成效，还会直接导致企业间相互攀比、治污积极性受到打击、市场出现“劣币驱逐良币”、助长企业弄虚作假等问题，影响地区和行业良性发展。例如，某地 2019 年在制定企业减排清单时，由于对同一行业、同一污染治理水平的部分企业，以税定污，编制了不同级别的减排清单，导致一些企业拒绝执行，不仅使应急减排措施没有落实到位，还给行业转型升级带来麻烦。对此，《指导意见》明确要求，在应急预案编制、企业绩效分级评定等工作中，要坚持“公平、公开、公正”原则，应急预案要在本级政府网站公开，A、B 级企业名单要在省级相关主管部门网站上公开，用社会监督，促预案求实。

三是给企业形象带来负面影响。2018—2019 年秋冬季，各地出现不少企业有应急预案不执行、治理设施不正常使用、减排措施不完全按要求停限产等不守规矩问题，甚至出现虚报排污量、在上报减排清单中做手脚等问题。一些地方依法依规启动惩戒机制，不仅责令相关企业停产整治，而且将企业列入信用黑名单。在网上公示后，企业信用受到严重影响，造成贷款受限、货物运输被停止上路、订单减少等后果。企业在社会形象、经济创收双受损后，方才迷途知返。《指导意见》中有明确要求，由于企业弄虚作假导致预案结论不一致，情节严重的计入企业诚信档案并向社会公开。因此，企业应趁早打消各种侥幸心理。

四是给环境执法带来隐患。预案不实，执法受扰。2018—2019 年秋冬季，个别地方存在企业应急减排预案定得不实等情况，执法检查人员到企业实地检查时，发现一些企业不执行应急响应措施，违法排污、超量排放。一些被漏掉而没列入减排清单和被放宽排放标准的企业，还“理直气壮”地把当地有关部门在网上公示的停限产名单拿出来，要求执法人员执法有据，不能随机执法，从而导致双方产生矛盾。因此，《指导意见》明确要求，预案要确保污染企业全覆盖、减排措施全覆盖、“一厂一策”全覆盖，对发现的重点行业涉气企业未纳入减排清单且正常生产的，一律责令停止排放污染物。同时还要求，在制定应急减排措施时，要坚持“可操作、可监控、可检查”原则，确保科学可行，为环境执法监督留下空间。

五是给追究、问责相关人员的工作留下后患。扎扎实实做好应急预案编制工作，是保障秋冬季重污染天气应对工作有效落实的基础。《指导意见》不仅提出了保障民生、差别化管控的多项好政策、好举措，也对企业、地方政府和国家工作人员失职、渎职提出了明确的追究、问责要求。同时，生态环境部还出台了系列相关举措，有效保障了应急预案的编制及正常实施。2019 年 6 月，生态环境部约谈河北、河南、山西的 6 个城市中，一个共性问题就是在 2018—2019 年秋冬季企业应急响应预案制定不实、企业减排清单编得不实和有预案不落实、欠落实、软落实。对此，《指导意见》明确指出，对超标排放 SO_2、NO_x，受到行政处罚后又实施上述行为或者是有其他严重情节的企业，要追究刑事责任；对重污染天气应急预案执行不到位、重点行业涉气企业未纳入减排清单且正常生产等问题，将统筹纳入重点区域秋冬季大气污染综合治理攻坚行动量化问责等。生态环境部近日召开的 2019 年上半年环境空气质量预警座谈会也发出新的信号，对季度、半年度和年度环境空气质量同比恶化、任务完成情况严重滞后的城市，将实施预警提醒，并制定相关问责规定，严肃追责问责。秋冬季是重污染形成的高发期，占全年的一半时间，由此可见，编实、落实秋冬季应急响应预案是非常重要的。

隐患就是漏洞，弥补工作漏洞的最好办法就是不折不扣地把预案编实，防止各种不良影响的发生。

一要增强协同防控的大局意识。要把广大人民群众对蓝天白云的美好期待记在心上，在预案编制工作中自觉服从协同防控大局，不算小账，多算大账，自觉担当，最大限度减少本地的污染物排放量。

二要增强合力落实意识。工作中要牢固树立责任意识、联动意识，部门之间、政府与企业之间要统筹协调，明细分工，认清污染危害，密切配合，确保预案制定工作保时、保质、保量完成。

三要增强失责风险防范意识。风险源于失责，尽责方能免于被问责。各地城市、企业和具体工作人员，要强化法律意识，吃透政策要求，摸清污染底数，不给污染开口子，不给被追究、被问责留空子，实实在在、干干净净地做好秋冬季重污染天气应急响应各项工作。

6

今天你放他一马，明天何止后患无穷？

载于 2018 年 10 月 28 日中国环境 App

如何避免环保“一刀切”？《京津冀及周边地区 2018—2019 年秋冬季大气污染综合治理攻坚行动方案》（以下简称《方案》）出台后，基层政府落实企业秋冬季差异化错峰生产有了政策抓手、目标导向和标准要求。

诚然，再好的政策也不可能让所有企业都满意。《方案》的出台让一些污染治理不达标的企业开始着急。于是，他们妄想向当地政府要政策、要不切实际的优待，横向与同类企业搞攀比、追求“一视同仁”。一些地方政府和部门竟也迎合他们，对污染治理不达标、欠达标企业“照顾一把”“放宽一把”，打政策“擦边球”，甚至有个别地方为讨好企业，竟不惜借为企业服务之名，降低标准，违规把企业错峰、应急的“盘子”直接定“歪”，以求工作好做。

这种情况，表面上看是照顾了本地企业，企业创收和政府税收也一时得利，但从长远来看，污染之“祸”远大于“利”。把错峰生产和停限产的“盘子”定“歪”了，一是表现出个别地方基层政府和部门思想认识不到位、治污责任落实不到位，基层政府在落实上级政策要求上帮助企业“打折扣”，超排企业不但不会真心感谢政府，还会导致企业“举一反三”，从而对政府不信任，让政府丢形象；二是极大伤害了先进企业治污的积极性，使国家用政策机制激励企业治污的初衷大打折扣；三是不利于扭转和改变污染企业“劣币驱逐良币”的不公正市场竞争环境，对推进经济高质量发展和生态环境高质量保护产生了极大的负效益；四是失去了政策制约，严重变形、走样，即使再想圆场，也不可能使所有企业都满意，到头来还会产生新的、比“一刀切”更加严重的社会矛盾，工作会更难做、更难收场。

好政策必须通过严肃、科学、扎实的落实才会有好的结果。当前，我国生态文明建设和生态环境保护面临关键期、攻坚期、窗口期三期叠加的形势，仅通过常规监管，难以满足人民群众加快改善生态环境质量的强烈期盼。因此，必须全面落实中央各项部署和要求，以更加坚定的决心、更加坚决的行动，创新方式方法，坚决打好打胜污染防治攻坚战，不断满足人民群众对优美生态环境的需要。国家出台《方案》，强化差异化错峰、应急，并不是要给污染开口子；推进开展“放管服”活动，也不是要给污染开绿灯、放污染一把；因此，各地在落实《方案》时，应该切实做到“三个一定”。

一是一定要坚持政策导向、问题导向。要着眼既有利于经济高质量发展，又有利于环境高水平保护的大局，坚定政治站位，提高思想认识，按照《方案》要求对具有合法手续且符合排放标准的企业，不能采取停产整治措施；对具有合法手续但没有达到排放标准的企业，要根据具体问题采取针对性措施；对没有合法手续又无污染治理设施的企业，要依法依规予以查处，切实把秋冬防控企业错峰生产和应急响应停限产的“盘子”依规定“正”，防“歪”，忌“邪”。面对个别企业提出的不合理、不合法、不合政策的要求，要克服工作畏难情绪，树立大局意识，敢于较真儿碰硬，敢于担当尽责，绝不能让私心杂念越过政策雷池，更不能在执法、定策上“开小差”。

二是一定要把“盘子”做细定实。各地应按《方案》要求，结合当地产业结构、企业布局、污染源状况和企业实际，科学制定本地秋冬防控企业错峰生产和应急响应停限产“一企一策”和生产排放环节“一企多策”的细化方案，严谨政策设计和绩效评价，细化量化法律法规落实标准和措施。既要强力推动协同治霾政策落实，又要因地因时制宜、分类指导；既要严肃落实国家明确的重点行业、重点停限任务，又要把本地一些特殊污染行业纳入管控“大盘子”，做到因事施策与综合施策相统一；既要保证错峰、停限产政策严肃落实，又要认真研究企业的一些特殊情况，让该享受好政策优待的企业不吃亏，让污染企业钻不了空子、占不了便宜；既要充分考虑群众对生态环境改善的迫切需求，也要做好避免影响群众生活的工作；既要防止和避免“一刀切”，也要防止在执行政策上忽左忽右，从一个极端走向另一个极端。

三是一定要把“盘子”定得公平、公正、公开。公平就是定“盘子”要顺大局、顺民心、合民意；公正就是定“盘子”要公正，合理合法，一项政策、一个标准、“一杆秤”；公开就是定“盘子”要不遮、不掩、不盖，公开透明。秋冬季防控期间，京津冀及周边地区，错峰生产和应急响应停限产涉及的企业面广且多，大到多个省市“一盘棋”协同防控，小到一个县（市、区）错峰和停限产单个企业，政府定的“盘子”是否能做到公平、公正、公开，不仅会直接影响企业担当、公众情绪和国家好政策落实质量，还直接关系社会公平、社会稳定和广大人民群众对蓝天的获得感。要让企业守好法，基层政府必须先把法规要求和标准交给企业，让企业明明白白；要让广大人民群众当好监督员、裁判员，基层政府必须先满足人民群众的知情权。因此，各地制定秋冬季防控企业错峰生产和应急响应停限产“盘子”时，一定要做到全过程依托当地党报、电视台和政府及部门网站，把政策公开、措施公开、工作程序公开、所定“盘子”的结果公开，让企业和公众成为落实政策法规的责任主体、监督主人和舆情监控的主流群体。这样，不仅可以创建政策落实的好环境，还可以真正熄灭给环保抹黑和造谣生事之“火”。

7

从A直降到C，说明了啥？

刊于2019年8月21日《中国环境报》3版头条

近日，某地在制定2019—2020年秋冬季企业减排清单时，发生了这样一件事。有一家涉气排放企业，在企业自评阶段，按差别化管控标准要求，无论是从污染治理环节的达标排放上评定，还是从落实管理规定上评定，各项指标都符合差别化分级的A级管控条件。但上报市级生态环境部门审定时，这家企业却吃了闭门羹，评审人员直接将其列进C级企业管控名单。

本该得到优待却变成连降两级，原因到底是什么？原来，这家企业在2018—2019年秋冬季时，就已经基本完成了生产环节各道污染排放工序的深度治理，并以示范企业的优厚待遇被列入了A级优待名单。但是，这家企业在秋冬季过后，出现了一次不正常使用排污设施的行为，被在线监测记录后，通过环境执法人员现场复查，被认定为超标排放大气污染物，而且有故意断电逃避监管情节，被记入了企业诚信档案并在网上向社会公开了。

不是在秋冬季，而且只有一次超标排放，仅几小时就及时整改，还接受了经济处罚，这笔后账为什么如今还要再重新提起？生态环境部制定的《重污染天气重点行业应急减排措施制定技术指南》明确指出："企业绩效分级应按'短板原则'执行，在评级时，需满足该级别指标中规定的各项要求，有一项未满足的，降级评定。"此外，还规定："两年内有未批先建、未按排污许可排放大气污染物、超标排放大气污染物、逃避监管排放大气污染物等重大环境执法行为，或构成犯罪的，不应评为A、B级。"因为此事，当地还举一反三，对县一级在编制企业减排清单、给企业管控定级时，没有全面准确把握好新规定新要求所引发的问题给予了点名批评。

有人可能会觉得，企业在非秋冬季发生的超标排放大气污染物问题，而且只发生了一次，有必要受两年惩戒吗？笔者认为十分有必要，主要有3点原因。

第一，体现了执行环境法规的严肃性。严格落实国家和地方的各项环境法规，没有季节之分。秋冬季应对重污染天气的各项举措，事关广大人民群众的期盼诉求，在特殊时段、特殊气象条件下，对秋冬季的大气污染防控，采取更强力的措施无可厚非。但从法规要求层面讲，对企业违法行为不能纵容放任。只有形成一次任性排污、多处受卡受限受惩戒的局面，才能让违法企业感受违法之痛，才能解决执行环境法规松一阵、紧一阵的问题，让排污企业始终绷紧守法经营这根弦。

第二，体现了环境法规的社会公平性。秋冬季重污染天气发生期间，对企业实施差别化管控，意在防止“一刀切”和“劣币驱逐良币”的问题。同时，最大限度地解决好预案不完善、不科学的问题，给守法治污的企业更多生产空间，最大限度调动企业的治污积极性。好政策是给自始至终守法的好企业制定的；反之，对于守法挑时段、违法钻空子、时常出现违法排污行为的企业，应通过政策规定，将其从优待政策名单中剔除，让守法好、治污好的企业真正享受到政策优待，推动全社会形成守法经营光荣、违法排污受罚的良好法治环境。

第三，体现了环境法规的精准性。近些年，国家和地方围绕大气污染防治工作相继出台了多项环境法规和管理举措，由于受阶段性、时限性等客观条件的制约，难以用某一项措施治百病。伴随新情况、新问题的产生，应不断推出新制度、新政策、新要求。《重污染天气重点行业应急减排措施制定技术指南》中明确，两年内有未批先建、未按排污许可排放大气污染物、超标排放大气污染物、逃避监管排放大气污染物等重大环境执法行为，或构成犯罪的，不应评为 A、B 级。这一规定就是要精准打击违法企业。

从 2018 年以来执法检查、蓝天保卫战重点区域强化监督帮扶等发现的问题来看，一些企业出现的未批先建、不按排污许可证排放大气污染物、超标排放大气污染物、逃避监管排放大气污染物等问题，往往是屡查屡犯。有的地方还出现了紧在秋冬季、松在春夏季，紧在检查时、松在检查后的问题。2020 年出台的新举措，在“差别化”优待政策前摆出两块牌，对守法治污的企业亮“绿牌”，对治污好但守法有瑕疵的亮“黄牌”，实施阶段性优待降级。这一举措可以倒逼企业走向高质量、“双好”发展之路。

8

污染排放量应是企业停产限产的“定盘星”

刊于 2018 年 10 月 19 日《中国环境报》3 版
载于 2018 年 10 月 19 日中国环境 App

秋冬季差异化错峰生产政策及标准已经公开，各地应按“放管服”的要求，积极为企业制定“一企一策”方案。企业要积极响应，将污染排放量降至最低，抓住机会自己帮自己，才能真正走出一条平稳发展的道路。

最近，生态环境部、国家发展和改革委员会、工业和信息化部等国家 12 部委（局）和京津冀及周边地区六省（市）联合印发了《京津冀及周边地区 2018—2019 年秋冬季大气污染综合治理攻坚行动方案》（以下简称《方案》），对 2018—2019 年秋冬季京津冀及周边地区大气污染综合治理攻坚行动、作战任务、目标责任和企业错峰生产、应急响应停限产进行了全面部署，并提出了强化执法、考核和追责问责等更严厉的要求。

《方案》释放出一个明显信号：对重点行业实施差异化落实秋冬季错峰生产和绩效评价。企业多排多限、少排少限、不排不限，切实防止“一刀切”，为经济高质量发展保驾护航，为环境高水平保护助力撑腰。对此，很多地方出现了达标排放企业拍手叫好、有污不治企业后悔莫及、治理不达标企业幡然醒悟的情况。

实现经济高质量发展和环境高水平保护“双赢”，是保护民生的共振课题。高质量发展，是高水平保护的重要成果；高水平保护，是高质量发展的重要保障。近年来，各地不断提高政治站位，以大气、水污染防治为重点的生态环境保护工作取得了骄人业绩。通过强力开展环境污染综合治理，有力推动了落后产能的转型升级，有力改善了环境空气质量，有效提升了广大人民群众的蓝天获得感，赢得了民心，增强了信心。

但在这个推进经济高质量发展的“阵痛期”，一些地方也出现了治污影响发展的不正确认识。近年来，在治理大气污染过程中，由于个别地方工作方法简单，出现了企业停限产“一刀切”问题，曾引发一些地方和单位、企业动辄拿环保说事的情况，把自身由于污染问题引发的停限产说成由环保引发，混淆视听，借以掩盖自身的污染真相。

其间，很多地方虽然在积极应对重污染天气过程中采取差异化错峰生产和科学应急举措，并采取“白名单”措施，鼓励企业达标治污，支持企业高质量发展，但仍有一些企业存在侥幸心理，有污不治，不愿在达标治理和转型升级上下功夫。更有甚者，面对环保督察，仍出现大量诸如工地抑尘措施长期不到位、“散乱污”企业死而复生、企业不正常使用治污设施等一系列严重问题。

防治污染的目标是改善生态环境质量，助力经济、社会高质量发展。要改善生态环境质量，就要持之以恒地减少污染排放，而减少污染排放的出路，重点就是要管住、管好污染，用追求生态环境高水平保护这把利剑，把推动经济走向高质量发展的路子打通、修好，促进经济发展方式转变、促进经济结构优化升级、促进经济增长动力转换，实现环境效益、经济效益、社会效益相统一。

以往大量环境违法违规企业的存在，扰乱了公平竞争的市场秩序，影响了经济发展。面对高质量发展经济、高水平保护环境的必然要求，一定要严格落实《方案》要求，严禁“一刀切”，同时还要加大环境监管力度，着力整治“散乱污”企业，推动落后产能淘汰，从而有效解决“劣币驱良币”的问题，保护守法企业的权益，为其创造公平竞争的发展环境，为经济高质量发展提供有力的支撑。

当前，我国生态文明建设和生态环境保护面临关键期、攻坚期、窗口期三期叠加的形势，仅通过常规监管，难以满足人民群众加快改善生态环境质量的强烈期盼。因此，必须全面落实中央各项部署和要求，以更加坚定的决心、更加坚决的行动，创新方式方法，坚决打好打胜污染防治攻坚战，不断满足人民群众对优美生态环境的需要。

识时务就要抓机遇，治污染就是保发展、保民生。对具有合法手续且符合排放标准的企业，不能采取停产整治措施；对具有合法手续但没有达到排放标准的企业，要根据具体问题采取针对性措施；对没有合法手续又无污染治理设施的企业，要依法依规予以查处。《方案》释放出的“信号”表明，污染排放量多少，已成为企业是否在秋冬季停限产的“定盘星”。污染治理实现超低排放的企业，将在秋冬季大气污染综合治理攻坚战中受到优厚的政策待遇，面对打赢蓝天保卫战的特殊要求，也可以不停产或少限产，发展环境会越来越好；相反，有污不治、治了但不能达到超低排放要求或违法排污的企业，将会时时处于停限产直至被取缔的困境。污染排放量这颗“定盘星”掌握在企业自己手中，“侥幸”就会产生“不幸”，违法就是“玩火”。

秋冬季差异化错峰生产政策及标准已经公开，各地应按照“放管服”的要求，积极为企业制定“一企一策”方案。企业要积极响应，将污染排放量降至最低，抓住机会自己帮自己，才能真正走出一条平稳发展的道路。

9

解决四个问题　建强乡镇环保机构

刊于 2018 年 6 月 13 日《中国环境报》3 版

乡镇环保机构是保护生态环境的最前沿阵地，是打好污染防治攻坚战的有生力量，建强、用好这支人民群众身边的生态环保队伍意义重大。

但是，在实际工作中，笔者发现，一些乡镇环保机构在建设过程中，存在不容忽视的问题。一是建机构一哄而上，却忽视质量，机构建设有职责、缺能力，用人把关不严，战斗力偏弱，能力素质与工作需要不相适应。二是人员少、任务重，“小马拉大车”，有的地方县级生态环境部门自身的执法能力就很脆弱，对乡镇环保机构的支持能力更有限。三是执法权缺失，执法规范不足，乡镇党委、政府建环保机构还缺乏实际指导工作的经验。四是机构管理责任不明，县级生态环境部门和乡镇党委、政府对环保机构领导职责划分不明确。

对此，笔者建议，各地要着眼乡镇环保机构能真正履行职责、真正长期发挥作用的目标要求，在切实增强生态文明建设的责任感、使命感的基础上，拿出硬办法、实办法，解决好 4 个问题。

第一，解决好人、财、物的问题。要严把乡镇环保机构用人关。目前，一些乡镇环保机构的组成人员大多是从乡级政府的计生办、拆迁办等转过来的，很多人根本不懂生态环保工作怎么做。因此，应配强人员队伍，招聘学过环保、干过环保、懂得环保的人员。同时，县一级每年要有专项资金，保障人员工资、执法设备和车辆，支撑工作开展。

第二，解决好“该干什么事”的问题。过去，乡镇没有环保机构，实行的是县级垂抓到底的工作方式。乡镇环保机构设立后，应明确县、乡两级环保机构的责权划分，以及乡级党委、政府和环保机构的责权划分，明责明规，明奖明罚。当前，个别县（市、区）环保部门也存在人员编制少且经常被上级抽调的问题，并借乡镇成立环保机构，把责任和任务都推向乡（镇）办事处，让生态环保工作在基层很难落实。乡镇环保机构建立初始阶段，在明确县、乡两级环保机构责任时，县级部门要实事求是地给乡镇环保机构定责定事，不能借压力传导之名，把乡镇环保机构根本完不成、干不了的事全都下推。

第三，解决好乡镇环保机构由谁主管的问题。县级生态环境部门要求乡镇环保机构发现环境问题后要及时报告，而有的乡镇领导要求，发现环境问题首先要上报乡镇政府主要领导，尽量不要向上级生态环境部门上报，这就把乡镇环保机构人员置于两难境地。对此，笔者建议，从日常工作管理的角度考虑，遇到工作保障、群众上访、监督、监管、督察等问题时，应先向当地政府反映、请示，让乡镇党委、政府发挥好组织领导责任；遇到环境监测、企业违法、执法处罚、迎检考核等业务工作时，应重点向县级生态环境部门请示报告。从主体上看，按照环境法规的要求，还是应以基层政府为工作责任主体。

第四，解决好人为干扰的问题。上级生态环境部门和乡镇环保机构，都要站在改善生态环境质量的大局部署工作，强化对乡镇环保机构、人员开展工作的支持。要克服本位主义、地方保护主义，从有利于不断改善乡村生态环境，提升群众的满意度、获得感和幸福感的角度出发，从协同治污、敢于上报和曝光本地污染问题做起，着眼长远，服从大局，久久为功，切实解决好本地生态环境问题。在具体工作中，应把乡镇党委、政府主要领导是否切实支持乡镇环保机构开展工作，列入考评、问责内容，以发挥激励、约束与鞭策的作用。

10

当执法明白人　做帮扶贴心事

刊于 2019 年 3 月 20 日《中国环境报》3 版头条

要让企业明白，污染治理达标，停限产等麻烦就越少，正常生产的环境就越好；错峰应急方案制定得越具体、细致、科学，执行起来就越有利于操作和落实，企业吃的亏就越少。

随着天气逐渐转暖，大部分北方地区的采暖期已经结束，京津冀及周边地区 2018—2019 年秋冬季大气污染综合治理攻坚行动接近尾声。与 2017—2018 年秋冬季大气污染综合治理攻坚行动同期相比，2018—2019 年的京津冀及周边地区大气污染综合治理攻坚面临的形势依然较为严峻。

首先是“天不帮忙”，气候条件波动，导致重污染天气频发，很多城市多次启动应急响应。其次是有的城市制定的“一企一案”过于宽松，在发生污染情况后又紧急刹车，从严落实停限产，引起一些企业不满。最后是各级检查标准不一，引发一些企业怨言。

笔者在实际工作中遇到过几个案例。例如，某地一家 VOCs 排放企业，由于深度治理不达标，且按 2017—2018 年气象条件误判了 2020 年情况，接了大量生产订单，却遇到 2020 年气象条件不利。为了保订单，这家企业顶风违规，照常生产，被相关部门检查发现后，不但对自身污染问题避而不谈，还反复强调环保政策过严，不愿停产。

再如，某地启动一级红色应急响应后，县级及以上四级相关执法部门，同一天先后检查同一施工工地。前边查，要求只要不动土方、不做焊接、不准重型车辆运输即可。后边查，却要求全面停工，连没有污染排放的活儿也不准干，导致企业无所适从。

又如，某地在为企业制定秋冬季“一企一策”方案时，故意搞变通放宽标准，把一些本该在启动二级应急响应时就需停产的企业，列入一级应急响应时才停产、限产的名单。被上级相关部门检查发现并要求纠正后，这些企业极为不满，反过来状告相关部门违反政策搞“一刀切”。

笔者认为，发生上述问题的原因大致有 4 个方面。一是有些企业面对自身污染不予治理，反而对相关部门“帮一把”抱有较高期望值，企业的心思没用到深度治理上，反而误读误解了严禁“一刀切”的政策意图。二是各级检查缺乏统一标准、统一指挥、统一行动，让企业难以适从。三是地方保护主义仍然存在，在制定“一企一策”时缺乏大局观，有意放宽标准要求，片面追求地方经济利益，损害了环境法律法规对企业治污要求的严肃性，从而引发矛盾。四是有的地方日常执法检查不严、不细、不实、不动真格，导致在执行应急响应时有的企业也马马虎虎，不严格落实停限产减排，使污染治理和应急减排相关规定的执行效果大打折扣。

上述问题的存在，不利于大气污染防治工作的正常开展、持久推进，不利于生态环境保护战略思想的持久深入落实。在打赢大气污染防治攻坚战的实践中，如何实现企业渴求“帮一把”的期望值、法律法规对企业限排的要求值、对企业精准服务的效益值和人民群众对蓝天白云获得感的期待值这“四值”达到预期？这是各级政府和生态环境保护部门要认真研究和解决的问题。

第一，统一认识，改变不正确的思想和行为，做到政策不放宽、执法不放松，治污不动摇、不松劲、不开口子，一鼓作气打赢蓝天保卫战。秋冬季是自然气候条件无常、空气质量变化大的关键时刻，也是企业保订单谋求好收益的重要时期。在这种背景下，基层政府和执法部门绝不能放松监管，绝不能产生松口气的思想。因此，各地党委、政府要始终不渝贯彻落实习近平生态文明思想，牢记习近平总书记的嘱托，保持治污定力。同时，要加大宣传力度，让全社会认清蓝天保卫战是硬仗、苦仗、持久战，只有全社会共同努力，才能换来蓝天白云。

第二，严肃执法和热情服务相结合，着力解决企业的污染问题。企业的污染排放问题，是关系打赢蓝天保卫战最主要的问题之一。因此，要借势发力，引导和帮扶企业解决污染问题。一方面，要向企业宣传国家和地方法律法规要求，引导企业认清治污是大势所趋，是企业可持续发展的必然选择。另一方面，要用好治污标准和差异化错峰生产、应急响应这些好政策，引导企业认清什么叫“一刀切”、什么叫“切一刀”，不能一概而论、混淆是非。

要让企业明白，实现污染治理达标，停限产等麻烦就越少，正常生产的环境就越好；错峰应急方案制定得越具体、细致、科学，执行起来就越有利于操作和落实，企业吃的亏就越少。各地政府和生态环境部门要把该帮企业做什么搞清楚，既不能帮企业造假、搞变通，也不能粗暴执法。要知行合一，帮助企业破解困难，做执法的明白人，做帮助企业的贴心事。为企业精准、周到服务，不仅企业受益，执法部门也会逐步减轻执法压力。

第三，要总结经验，上下协同，防止执法标准不一。要改变多级执法、多层执法、多部门执法标准不一、互不通气的状况，各级执法部门要准确理解和消化国家法律法规明确的执法标准和要求，到企业检查时不仅防止层层检、组组查，而且事先统一抓好执法技能培训，统一标准要求，既有分工又有合作。

同时，要随时打通法规、政策知行不一的“中梗阻”。进一步建立长效机制，不断用新思维、新政策、新举措，疏通政府与部门之间、执法部门与企业之间、企业经营与法规要求之间理解不够、支持不够的“中梗阻”问题，防止治污攻坚松一阵、紧一阵，摇摆不定。

11

把保持定力的要求落实到工作细节中

刊于 2019 年 4 月 12 日《中国环境报》3 版头条

保持加强生态环境保护建设的定力，不仅要在思想上重视，更要落实到具体工作的实践中、行动里、细节上。既要针对存在的问题逐步补齐短板，更要从落实细节上解决好敷衍应付、降低标准甚至弄虚作假等问题。

2019 年 10 月至 2020 年 3 月，河北省针对扬尘污染不降反升问题，先后出台了《关于加强扬尘污染防治的决定》《施工场地扬尘排放标准》《扬尘在线监测系统建设及运行技术规范》3 份文件。3 份文件坚持目标导向、问题导向，不仅有力弥补了扬尘污染防治工作上存在的地方规章不全、执行标准不一、监管手段不实等问题，而且从扬尘污染防治管理细节、技术细节、标准细节等方面都进行了明确，具有了从严、从细抓落实的可操作性。

实践表明，治霾必须坚持目标导向和问题导向，污染源问题不解决，空气质量改善的目标就不可能实现。仅就 2018—2019 年秋冬季来说，一些城市污染指数不降反升，气候条件波动是一个重要原因，但另一个重要原因也不容忽视。一些城市由于前几年治霾力度大，许多“大块头”污染源得到了有效治理，但忽视了一些看似小实则会对空气质量产生较大影响的污染因素。

笔者在和一些城市同行探讨秋冬防“失利”原因时，不少人也表示与工作落实不够细有很大关系。比如，某地扬尘污染成为秋冬季 $PM_{2.5}$ 不降反升的头号污染源，但面对工地扬尘管控规定和要求，该地的建筑工地还是经常大量出现土方作业无抑尘措施、裸土和物料堆苫盖不落实的问题。究其原因，主要是相关管理部门在落实相关法规制度上存在薄弱环节，面对污染问题经常是睁一只眼、闭一只眼。

再如，某地在为企业制定秋冬季“一企一策”方案时缺少深入调研，没有把减排措施细化到生产工艺、生产线等关键环节上，导致“一企一策”方案成了墙上的画，中看不中用，落实起来没有可操作性。

笔者认为，导致上述问题发生主要有 3 个方面的原因。一是治污的思想定力与行为定力不够融合、不够贯通。虽然有治污攻坚要保持定力的思想认知和决心，但实际工作却浮在表面上，知行不够合一。二是抓治污工作不够深细、不够持续。一些地方在抓污染治理时，往往把攻坚战变成重点时段“突击战”、面临问责“救场战”和严打执法“阶段战”，缺乏持久发力不松劲的韧劲儿和细功。三是工作标准缺失、定位不准、精细不够。一些地方，特别是一些市县部门，在抓具体工作落实时存在不够具体、不够精细等问题。

习近平总书记强调，要保持加强生态环境保护建设的定力，不动摇、不松劲、不开口子。笔者认为，保持加强生态环境保护建设的定力，不仅要在思想上重视，更要落实到具体工作的实践中、行动里、细节上。保持定力既要思想坚定、意志持久、情怀不变，更要干好具体活、做好具体事、履行好具体责任。否则，在抓工作的细节上缺少跨越关口的定力，就容易出现为污染开口子、为松劲找借口的情况，不利于蓝天保卫战的持久打赢。

在打好大气污染防治攻坚战的实践中，如何把保持定力的要求落实到具体工作的细节上？笔者认为，要从以下 3 个方面做起。

一是牢牢把握抓落实的主动权。从秋冬季工作落实情况来看，有的地方党委、政府和部门仍然存在对污染防治重点整治工作任务研究不够，重安排部署、轻督促落实问题的现象。特别是一些地方“最后一公里”问题没有得到有效解决，问题多发频发、屡查屡犯。当前，治污攻坚任务仍然十分艰巨，随着工作的深入推进，攻坚越来越难，骨头越来越难啃，稍有放松，就会走回头路。因此，各地党政领导必须落实好“党政同责”“一岗双责”，要迎难而上、冲在前头，深入一线，狠抓落实，把治污定力真正传导、落实到具体工作细节上。

二是牢牢抓住关键环节下真功、干细活儿。从具体实践来看，很多地方都是因为没有落实好细节造成了工作失利。比如，一些地方政府对本地污染源底数不清、落实重污染天气应急减排措施不实、细节工作不完善，导致当地污染不降反升。有的地方以保障民生为由，在“散乱污”企业整治工程中放松要求，将未达到超低排放标准的企业混入当地豁免名单；一些建筑工地未严格执行“六个百分百”，企业料堆料场露天堆存、原料产品不采取苫盖等扬尘抑制措施问题时有发生。因此，各地应重点梳理秋冬季 $PM_{2.5}$ 平均浓度不降反升的原因，加强重点解剖，深入分析短板和不足，真正在抓细节落实上下功夫。

三是牢牢稳定抓落实的情绪。大气污染是多年积累的结果，治理污染的过程中必然会有曲折和反复。有的地方在被追责问责后，容易出现知难思退的情绪和想法；有的地方由于没有发生污染不降反升的问题，在成绩面前产生了自满松懈、放松要求问题。对此，不管有没有天帮忙，都要认清治污的长期性、艰巨性、复杂性，要知道蓝天保卫战是一场大仗、硬仗、苦仗，绝不是吹几遍冲锋号、打几场冲刺战就能大功告成的。因此，在工作中既要用科学态度保持治污定力，又要着眼眼前突出环境问题，倡导科学精神，坚持对症下药，久久为功，才能最终取得成效。

总之，在大气污染防治过程中，既要针对存在的问题逐步补齐短板，更要从落实细节上解决好敷衍应付、降低标准甚至弄虚作假等问题。要拿出绣花的功夫和认真负责的态度，做好每项工作，落实好每件具体的事，把实活儿做实，把细活儿做细。突出重点，真正把治污定力砸实在一线工作的细节上，打赢蓝天保卫战。

12

弥补差距落实差别化管控措施

刊于2019年8月7日《中国环境报》3版

要着眼把方案定实，组织专门力量下沉一线，摸清本地行业底数、企业底数、排放底数，通过与企业负责人见面，了解污染环节，从而谋求方案上下一致，防止“两张皮”现象出现。

近日，生态环境部召开2019—2020年秋冬季重污染天气应急预案修订部署动员会议，超前谋划应对重污染天气，会议提出的创新、务实之举，受到各地和企业的普遍欢迎。

其中，对污染排放企业进行分类、实施差别化管控的激励政策措施，廊坊市2017年就在环境保护部派驻的“一市一策”专家攻坚小组指导下进行了探索。在2017—2018年秋冬季，这一措施在京津冀“2+26”及周边大气污染传输重点通道城市全面施行。由于受多种因素影响，一些地方并没有贯彻和实施好这一领跑政策。

从2018—2019年秋冬季看，基层落实重污染天气企业差别化应急响应管控，存在以下问题：一是重污染天气应急预案不合格、不完善。缺斤短两、弄虚作假的问题普遍存在，许多重点污染源未纳入应急减排清单，还有不少企业虚报假情、避重就轻地规避停限产要求。二是应急预案编制不实用、不合理。一些地方编制的应急预案，不严格执行分类标准，不严格为每家企业量身定做，普遍存在雷同性问题，导致应急预案可操作性不强，减排的真实性受到挑战，有的根本不能实现应急减排目标。三是应急管控措施不落实或落实不到位。有的地方编制应急响应预案不看减排看纳税，对纳税大户要求低，对没有纳入排污证管理的企业放任自流。

出现上述问题的原因主要是一些地方对差别化管控的政策没有真正理解，对本地区企业的底数不清，对实施重污染天气应急响应的目的认识不清。这些工作差距和短板，是导致差别化管控政策失力、重污染天气应急管控失效的主要原因，必须坚决纠正。要补足这些差距和短板，笔者认为应从以下3方面做好工作。

一是吃透政策要求，补足政策不清差距，做到执行政策不走样。对于如何制定秋冬季重污染天气重点行业企业应急响应预案，生态环境部提出了明确要求，并出台了激励措施。各级地方政府应在认真学习、领会，切实提升业务认知、政策认知的基础上，尽快动手，组织实施方案制定。各地要科学谋划，认真培训、严肃组织、周密安排，方案制定上要慎之又慎，防止仓促决策后又反复修改。要按照环保绩效水平，将企业分成 A、B、C 三类，分别采取不同应对措施，要做到执行政策标准不动摇、不走样、不开口子，具体工作中不漏掉一家企业、不放过每个污染排放环节。

二是摸准企业实底，补足情况不明差距，做到减排措施切实可行。要着眼把方案定实，组织专门力量下沉一线，摸清本地行业底数、企业底数、排放底数，通过与企业负责人见面，了解污染环节，从而谋求方案上下一致，防止“两张皮”现象出现。要组织专家对每家企业初审上报的应急减排措施逐一进行论证，既不能出现企业报什么就是什么的情况，也不能出现制定预案者拍脑门儿决策的情况；既要依靠专家，也不能“一揽子”都推给专家。要充分运用政策、充分发扬民主、充分依据科学，全面做好这件实事。同时，还要按照“可操作、可监测、可检查”的要求，在预案制定阶段，就要把后续的监管工作内容一并列入研究、决策范畴，写入预案，防止定案、监察“两张皮”。

三是认清污染危害，补足思想认识差距，做到协同防控协同受益。经过多年协同治霾，绝大多数地区优良天数大幅度增加，重污染天数大幅度减少。但在一些地区，重污染天气仍会短时出现。实践证明，影响重污染天气的因素主要有两个，一个是气象条件，另一个是排放水平。当前，重点区域大气环境质量还处于气象影响型阶段，稍有放松，就可能出现大的反复。各地要充分认识到每个重污染天气过程的出现，都将会对一个区域、一个地方的空气质量改善幅度产生严重影响，都会影响大气污染防治年度目标的完成。因此，必须真正推动协同治霾，真正把差别化管控方案定实。这不仅是有效管控重污染天气在一个区域同时出现的关键，也是在高度静稳、不利污染物扩散的气象情况下，通过真正落实减排措施，实现本地污染降级的选择。而落实好差别化管控措施，不仅是协同治霾的必由之路，也是规避被约谈、问责的最佳选择。

13

提早启动应急，才有更多蓝天白云

刊于 2019 年 9 月 27 日《中国环境报》3 版头条
载于 2019 年 9 月 26 日中国环境 App，
题为《大晴天的，为什么要启动应急响应？原因在这里》

在不利于污染物扩散的天气来临之前，提前两天至三天启动应急减排措施，可以十分有效地防控重污染天气形成。提前做好重污染天气应急减排工作，不是可做可不做的事，是必须做，而且要依法依规做好、做实的事。

“这两天，大晴天的，为什么要启动应急响应？”连日来，因为笔者分管廊坊大气污染防治工作，数十次收到亲朋好友和市民这样的询问。

2019 年 9 月 23 日，生态环境部向媒体通报，根据中国环境监测总站、中国气象局和各省级环境质量预报中心会商的预测结果，受不利气象条件影响，京津冀及周边地区将从 9 月 25 日起出现一次大范围、持续性的大气污染。自 9 月 24 日以来，京津冀及周边地区，包括河北、山西、山东等部分城市，特别是“2+26”重点传输通道城市，都相继启动了以橙色级别为主的不同级别应急响应。

伴随京津冀及周边地区落实“大气十条”五年攻坚取得阶段成果，蓝天保卫战初战告捷，社会公众对大气重污染应急举措有了更多的理解。但为何仍有不少群众对 2020 年下半年以来出现的首轮重污染天气应急响应过程感到疑惑呢？笔者认为，主要原因在于很多群众判定好坏天气的标准还停留在雾大与雾小上，对重污染天气成因缺乏足够的认识。

污染程度的轻重，不仅与当地社会污染排放总量有直接关系，而且与能否科学实施、提早实施重污染天气应急响应有不可分割的关系。

科学研究表明，污染物排放强度大、远超环境承载力依然是导致区域污染频发的主要原因。虽然近年来我国污染减排工作取得了很大成效，但以重化工为主的产业结构、以煤为主的能源结构和以公路为主的运输结构尚未根本改变。大气污染防治形势依然严峻，任务仍然十分艰巨。特别是秋冬季节，空气质量仍有恶化的可能。而要防止极端重度污染天气的出现，必须首先做到精准预判、精准防控、精准减排，只有这样，才能精准削峰减频，最大限度保护公众健康。

近几年，各地的实践也充分证明，提早启动重污染天气应急响应是有效防控重污染天气的重要举措。例如，2013—2017 年，很多地方在工作实践中总结出了“早预防、早应急，削减污染可降级；重污染、已形成，‘一刀切’管控也不行”的经验。2018 年，空气质量改善持续向好的局面出现后，个别地方出现了松懈麻痹思想，甚至给污染开口子、把应急当成了可急可不急的事，导致秋冬季出现了污染不降反升的问题，群众的蓝天获得感、幸福感下降，教训十分深刻。总结经验教训，一些地方的行家里手编出顺口溜：人松一把劲，天增十分污；应急不到位，成果必后退。

国家气象中心最新监测显示，受观测史上罕见的超常厄尔尼诺现象影响，2019 年秋冬季冷空气活动少，强度偏弱，北风风速小，气温偏高，将面临雾霾持续时间长、覆盖范围广等风险，这就要求各地必须更加努力，用更多的减排量来抵消不利气象条件带来的负面影响。

从目前情况来看，与其说是晴空万里下启动应急，倒不如说是启动应急保住了晴空万里。很多人没有想到，如今的蓝天白云正是京津冀及周边地区协同启动应急、协同严控污染、协同实现削峰减频的工作成果。

值得注意的是，2019 年 9 月 26 日，个别地方由于应急管控措施落实不到位，已经开始出现臭氧污染与 $PM_{2.5}$ 污染叠加的重度污染过程。专家预测的严重污染过程将可能会延伸至下月初，9 月 28 日以后将是此轮应急管控的重点。此时，更要坚定信心、坚定不移地持续开展大气污染源头治理、源头防控，科学实施应急响应，加力、加码、加劲儿。同时，要通过广泛宣传科学治霾知识和国家地方相关政策法规，引导全社会理解支持重污染天气应急响应措施。

一是引导公众深刻认识做好重污染天气应急响应工作的重要性。几年来的治污实践表明，在不利于污染物扩散的天气来临之前，提前两天至三天启动应急减排措施，可以十分有效地防控重污染天气形成。通过提前预防、有效防控，实现削峰减频，对保护公众健康至关重要。提前做好重污染天气应急减排工作，不是可做可不做的事，是必须做，而且要依法依规做好、做实的事。

二是依法落实重污染天气应急响应是全社会的共同责任。秋冬季往往重污染天气频发、多发，启动每轮应急响应，都可能要牵扯企业和一些群众的实际利益。要引导广大群众特别是相关企业，真正树立大局意识、全局意识，为维护最广大人民群众的健康权益尽义务、做贡献。要跳出个人利益和集团利益的小圈子，依法依规落实应急响应的各项举措、要求，履行公民和企业应尽的义务。

三是引导企业有污早治，充分享受国家和地方优惠政策。应急响应不搞停限产“一刀切”，但一定会对违法排污“切一刀”。防霾治污是攻坚战更是持久战。面对自身存在的污染问题，企业切莫再等待观望。超标排放、违法排污必会受到严惩；而提前治污则能享受国家和地方的优惠政策，有污早治才是企业发展壮大的必由出路。

四是引导全社会形成持续打赢蓝天保卫战的强大合力。树立打好秋冬季重污染天气应急攻坚战的思想。要通过各种宣传形式，引导广大群众和政府一道，积极行动起来，随时举报身边出现的各类污染问题，依法同各种违法排污行为做斗争，形成全社会为持续打赢蓝天保卫战贡献力量的良好氛围。

14

守正创新　坚决打赢新一年蓝天保卫战

刊于 2020 年 1 月 1 日《中国环境报》3 版头条
载于 2020 年 1 月 2 日中国环境 App

已经持续 7 年之久的大气污染防治攻坚战，在历经落实“大气十条”、两年蓝天保卫战之后，进入 3 年蓝天保卫战的收官年、决战年。

7 年来，在以习近平同志为核心的党中央的坚强领导下，全国各地以坚忍不拔的战斗状态，披坚执锐、持续攻坚，向大气污染问题宣战，取得了丰硕战果，也为决胜 2020 年蓝天保卫战奠定了坚实根基。

回顾以往 7 年的大气污染防治攻坚战历程，参与其中的人们都不会忘记，在这幅彪炳史册的“战霾图”上，既有战霾之初全国 74 个城市单打独斗的排名表，也有后来 168 个重点城市联合作战的协同足迹；既有京津冀的区域联防联控作战图，也有后来“2+26”重点传输通道城市和汾渭平原重点城市联合应对重污染天气的攻坚路线图；既有从中央环保督察到生态环境部一轮一轮的强化监督定点帮扶，也有地方各级政府组织的污染源大排查、大整改专项行动；既有产品转型、产业转型、区域转型的高质量发展画卷，也有深度治理“散乱污”企业的成果目录；既有末端治和过程管的艰难历程，也有积极应对重污染天气源头防和源头控取得的硕果。

总之，前几年已经取得的大气污染治理丰厚战果可以验证，7 年的治霾作战图路线清晰，任务明确，路径正确。

回顾几年来的战霾史，正视新年度持续打赢蓝天保卫战收官决战之仗，尽管我们信心百倍，但也要清醒看到各地治理水平不一，污染下降空间多地收窄，一些城市的产业结构、能源结构和交通结构污染矛盾还十分突出等现实，这些都为决战决胜 2020 年蓝天保卫战收官之战带来挑战。出路何在？

笔者认为，国家主席习近平在出席庆祝澳门回归祖国 20 周年大会上讲话时，对澳门特别行政区新一届政府和社会各界人士提出的“站高望远、居安思危，守正创新、务实有为”的希望与要求，十分值得我们在新年度持续打赢蓝天保卫战中深思与践行。守正创新，“守正”是根基，“创新”是源泉。笔者认为，坚守大气污染治理正道不动摇、不松劲儿、不开口子；把握事物本质，遵守客观规律，用创新的办法聚焦突出矛盾、破解实际问题，科学治霾，是我们坚定落实习近平生态文明思想走过的成功之路，也是持续打赢新年度蓝天保卫战决战之仗的决胜之道。

要从坚定信心上求突破。伴随大气污染治理工作的深入开展，一些重点区域长期存在的工业源污染问题、燃煤污染问题、扬尘污染问题等污染大头，得到了有效遏制和治理，小区域空气质量得到有效改善。仅以河北省廊坊市为例，几年来通过强力去产能建成“无钢市”、强力开展“双代工程”大量削减燃煤、强力治理“散乱污”企业推进产业转型，推动当地空气质量实现有监测记录以来历史最高水平。$PM_{2.5}$年均浓度从2013年的110 μg/m^{3}降至2019年的46 μg/m^3。优良天数由2013年的132天增加至2019年的235天，净增103天。重污染天数由2013年的85天减至2019年的10天。类似于廊坊市这样减排空间严重收窄、寻求空气质量持续向好本就十分艰难的城市，在新年度避免不降反升成为巨大压力。面对这样的形势，一些地方难免会对新年度打赢蓝天保卫战决胜之仗出现信心不足、决心变弱问题。还有一些地方，由于工业比重大、转型难，也产生了这样或那样的畏难情绪。在这种背景下，坚持不懈地用习近平生态文明思想统一思想和行动，尤显迫切。要切实牢固树立不动摇、不松劲儿、不开口子的思想理念，在总结成功经验中“守正”，在解决困难和问题中“创新”，从而进一步从政治上、思想上坚定打赢信心，树立打赢决心，确保空气质量持续向好、不再变差。

要从精准施策上求突破。多年的实践经验告诉我们，守正创新，精准施治，最要紧的是找准污染因子，摸准污染源头，做实应急响应阶段工作。无论是面对减排空间变窄，需要从小处着眼、不断挖潜，还是面对新增污染项目，需要事先准确研判污染源头控新；无论是冬季积极应对重污染天气防反升，还是夏季高温天严控臭氧污染形成，都要做到精查、精治、精管、精控。保持和持续巩固治霾成果，是一项保持高质量发展的长期性、艰巨性任务，既不能顾此失彼，也不能因噎废食。通过精准建立“一企一策”“一季一策”“一市一策”，实现控新挖潜、精防精控精管才是长期出路、根本出路。

要从科技支撑上求突破。当今社会已全面进入大数据覆盖下的科技支撑新时代。持续打赢大气污染防治攻坚战，守正创新求突破，必须在提升环境管理能力科技化、现代化上下功夫，实施人技联防战术。针对当前违法行为具有隐蔽化、专业化、智能化的新问题，尤其要在强化“互联网+监管”、视频监控“天眼”+自动监测“哨兵”能力建设上多投入，对违法排污、制造假数据等行为形成震慑力，实现快、准、狠、稳打击，通过执法严管严处，形成不敢违、不能违、违不了法的科技支撑氛围。

要从强化协同上求突破。近两年，京津冀及周边地区城市空气质量普遍持续向好的一个重要标志，就是重污染天气明显减少，优良天数普遍大幅增加。其中，协同治霾功不可没。面对当前大多数区域存在的城市边缘地带污染治理死角多、市域交界地带污染问题重、城与城接合部区域治理欠缺合力的问题，新年度要制定更加完备的协同治霾机制，创建守正有力、创新加力、凝心聚力的治霾新格局，谋求更加紧密的协同攻坚新姿态。

要从政策机制上求突破。为传导治霾压力，强力推进治理，几年来，各地相继出台了一系列政策保障机制。伴随形势的发展、情况的变化，一些在特定阶段出台的办法，有的已明显不合时宜。新年度，遵循“守正”与“创新”的思想理念，要着眼更有利于调动各方积极性的手段，在考核因子等设置上，考虑和设计得更加科学、合理，更加符合工作实际；在资金奖补上，更多向经济上牺牲多、减排上贡献大的城市倾斜。对不同水平的污染区域，可采用不同的考核、奖评、奖补办法。要为持续打好、坚决打赢新年度蓝天保卫战攻坚决战创建良好保障。

15

用理性认知持续推进大气污染防治

刊于 2020 年 2 月 13 日《中国环境报》3 版头条
载于全国能源信息平台、中工网等媒体平台

春节期间，京津冀及周边地区经历了两轮时间长、污染重的重污染天气过程。对此有网友发出疑问，疫情之下，工厂停产了、工地停工了，道路上的车也少了，甚至连饭店也停业了，为什么还有很多地方轮番出现重污染天气？更有网友对前几年为治霾关停污染企业、实施“双代”工程、限制工地扬尘、治理高污染车辆尾气的路子走得是否正确质疑。笔者在基层一线亲历数年治霾工作，对这些疑问和质疑有一些分析和思考。

首先，春节停产停工，不是 2020 年春节才有的事。不同的是，2020 年春节因新型冠状病毒肺炎疫情所迫，饭店停工了，路上的私家车大量减少，在一定程度上确实对污染物减排起到了积极作用。

其次，很多工厂、企业虽然节日期间表面上看是停止了生产，但是很多涉及高污染的钢铁、炼焦、玻璃、耐火材料、化工、制药等重化工行业因存在大量不可中断工序，部分企业还承担着协同供暖任务，春节期间仍在持续生产。很多涉窑炉企业，虽未生产，但闷炉期间排放量往往还会高于正常生产时的排放水平。同时，一些城市的燃煤电厂、工业锅炉要保障社会正常运行和居民采暖需求，仍须持续运行，春节期间排放强度基本与日常相同。可见，以上这些排污大户的污染物排放量在节日期间并未减少。

再次，京津冀区域实施了大面积电代煤、气代煤工程，燃气的污染排放虽然没有燃煤的污染排放成分复杂，但城乡居民由于防疫需要居家保暖和做饭，燃气量的剧增也导致了氮氧化物排放量的猛增。

最后，春节期间，京津冀多数地区对市、县两级主城区禁放烟花爆竹，但对周边农村地区的管控较差。从除夕到初五，一些市县城区骤然出现与鞭炮污染相关的高污染数值，足以证明停工停业停车所减少的污染量，又在一定程度上被鞭炮的污染排放“补上”了。

上述导致春节期间形成重污染天气的主要原因，已有权威机构、专家学者反复解说论证，笔者认为毋庸置疑。对一些网友提出的往昔各地实施的治企、治煤、治车、治尘和抓转型、取缔“散乱污”企业等治霾路子到底对不对等疑问，笔者有以下 3 点体会。

第一，国家和地方 7 年多来落实“大气十条”、实施蓝天保卫战攻坚计划所走过的控污治霾之路是科学的、精准的、正确的。对于这一点，京津冀及周边地区历时数年取得的大气污染量普遍减少 30%～60%的事实足以证明，任何片面、偏激的吐槽都无法驳倒。

第二，任何城市和乡村都存在影响大气空气质量的污染源问题，所不同的是日常排放量的多少、特定时段排放量的大小、不同时节污染物排放本底值的高低和在特定气象条件下对外传输量的轻重。对于这一点，生态环境部已在两年前就向“2+26”城市派出了专家团队开展专题研究，只是目前尚未公布调研结果。但可以肯定的是，没有一个城市的大气污染全是靠外地传输形成的，相互叠加更易产生重污染是不辩的事实。

第三，污染必定有源头。治霾既不能靠风吹，也不能靠老天帮忙，更不能靠侥幸心理。雾霾的根源不搞清楚、协同治霾不诚心诚意、在治根治本上要小心机，既害人也伤己。

从近期的网络舆情可以看出，公众对污染治理特别是大气污染治理仍然高度关注。笔者认为，之所以出现有网友对以往治霾之路、现实治霾之策产生疑虑，主要有以下几个原因。

一是有很多人对近年治霾成果缺乏客观、全面、足够的了解和认知。回顾 2013—2015 年的春节，那时每每经历不利污染物扩散的天气，重污染过程多以大面积、多城市爆表来体现，甚至有的城市时段污染数据高达 1 000～2 000 μg/m^3。自 2016 年以来，京津冀及周边地区重污染程度逐年减轻，到今年春节，尽管不利于污染物扩散的气象条件长时间反复出现，但没有一个地级以上城市出现日严重污染高值，多在日 300 μg/m^3。前后剧变，应该让公众广泛知晓，通过知情达到解疑目的。

二是有很多人对重污染形成之因缺乏足够的科学、理性认知。科研已经证明，重污染天气的形成，主要是因为气象条件高度静稳，污染物难以扩散。像 2020 年春节从除夕到初五，始终是高度静稳天气，一些地方固有污染加上鞭炮助力，更是雪上加霜。随后，小风两日又转静稳，一些城市的高污染向其他城市传输，最终导致了污染物区域平均分配，持续不散。让公众明白这个道理，对正视协同治霾的重要性、必要性十分有益。

三是有很多人对治霾的长期性、艰巨性缺乏足够的思想认识和行动认知。习近平总书记近年多次强调，治理大气污染是一项长期性、艰巨性的攻坚作战任务，要保持定力，做到不动摇、不松劲、不开口子。但在现实中，一些地方和群众由于产生松懈麻痹的思想，面对已经取得的治霾战果，往往出现对成果估计过高、对精准深度施治认识不足，对排污大户关注较多、对分散在民间的小污染源关注较少，对主城区污染治理重视程度高、对乡村污染治理重视程度低等问题。这些问题的出现足以说明，在当前的治霾战场上，进一步深入、扎实地运用习近平生态文明思想解决现实认识问题、污染问题的重要性。

对此，笔者建议，各地要进一步深刻领悟和践行习近平生态文明思想，正确认识大气污染防治工作的艰巨性、持续性、复杂性，扎实树立打赢蓝天保卫战的坚定信念和决心，坚决克服和解决松懈麻痹、怨天尤人等现象和问题。要进一步树立协同治霾理念，在转型升级、深挖污染源头、协同应对重污染天气等问题上，树牢大局观念，多做治霾实事。

要科学分析本地污染源，实事求是地把本地区大大小小的污染源都摆出来、亮出来，拿出精细化治理的办法，分轻重缓急，实施科学靶向治理。要科学研判和认知本地近年来实施系列治理工程的治霾成效，既不能一改了之、高枕无忧，也不能以逸待劳、止步不前，特别是对“气代煤”之后产生的氮氧化物污染问题，更要精细分析、深度治理、务求实效。

要切实重视易形成重污染问题的高度静稳天气应对工作，要把重点区域、重点时段、重点污染源作为应对重污染天气的重中之重。要科学认知，一个城市污染企业少，污染源不一定就少，小污染源不一定在特殊气象条件下就掀不起重污染大浪。切实把重污染天气应对过程作为有效防止重污染高值形成、确保广大人民群众身体健康的重要环节和工作过程。要进一步从顶层设计、地方性法规、相关政策、考评机制支撑上，体现对治霾贡献突出城市的倾斜性、合理性和鼓励性，确保大气污染防治工作持续发力，攻坚克难。

16

臭氧防控要抓精细、控散源

刊于 2020 年 4 月 3 日《中国环境报》3 版头条

据媒体报道，2019 年，江苏全省共经历了 11 次臭氧中度污染过程，以臭氧为主要污染物的超标天数达 53 天，同比增长了 17 天，占全年超标总天数的 50.8%。无独有偶，位于京津之间的河北省廊坊市也曝出臭氧伤害优良天的话题，2019 年以臭氧为首要污染物的超标天数达 76 天，比 2018 年增加了 22 天。

其实，全国各地在持续落实大气污染防治攻坚行动、实施蓝天保卫战三年行动计划过程中，多数地区都发现，在 $PM_{2.5}$ 污染大幅下降、急剧减轻，空气质量持续向好、优良天数不断增多的同时，臭氧污染反而出现不降反升并逐年加重的趋势。面对圆满完成“十三五”期间空气质量改善目标任务和实现蓝天保卫战决战目标任务，各地普遍对难以防治的臭氧污染感到头疼。这是因为很多城市都已提前一两年完成了 $PM_{2.5}$ 污染改善目标，而臭氧污染成了制约优良天数提升的最大“瓶颈”。

臭氧污染有其特殊的隐蔽性。晴朗的天空风和日丽，但监测数据显示是轻度以上污染天气。这是因为臭氧污染对大气能见度影响不大，常人很难判断。

臭氧污染有其生成的特殊条件。在高温、日照充足、空气干燥的条件下，空气中的挥发性有机物（VOCs）和氮氧化物“见面”，产生光化学反应，才易生成臭氧污染。说到高温干燥天气，很多人会想到在夏季高温时段，许多城市大量动用洒水车在城区内来回洒水、喷雾的情景。过去人们不知道洒水的目的是什么，甚至有人怀疑是有关部门在治污造假，其实不然，夏季高温洒水喷水，既可以起到降温作用，又可以增强空气的湿润程度，以此减轻臭氧污染的形成。因为，形成臭氧污染的前体物 VOCs 和氮氧化物，在哪个城市都大量存在。

形成臭氧污染的 VOCs 和氮氧化物到底来自哪里？很多人会说，是涉 VOCs 和氮氧化物的企业在生产过程中排放的。但这不够全面。企业生产、运输过程中涉 VOCs 和氮氧化物排放的环节很多，是污染排放大头。但市民生活中生火做饭排放的烟气和私家车的尾气排放、家中空调与燃气灶具排放的废气等，积少成多，都是形成臭氧污染的前体物。一家一车，加起来污染量也不是小数。由此可以证明，形成臭氧污染的前体物来自生产、生活的方方面面。

例如，2019 年夏季的一天，某城市一个国控监测点臭氧污染数据突然升高，专家技术人员现场寻根觅源，发现在距监测点仅几十米的地方，有一个加油站正在 36℃以上高温下用油罐车向加油站的地下油罐内卸油。卸油过程中有大量油气向空气中排放。

再如，某市有一国控监测点，每到夏季中午高温时段都会持续出现臭氧污染高值现象。专业技术人员对监测点周边现场巡查发现，每次监测点出现臭氧高值时都恰逢监测点周边聚集的餐饮饭店集中排放出大量油烟。

由此可见，很多城市夏季频繁出现的臭氧污染问题，污染源头不一定有多大来头。看起来微不足道的污染物排放在一定条件下也可能让监测设备曝出重污染数据。这提醒我们，防控臭氧污染，不仅要做到抓大头、控企业，而且要抓精细、控散源。

实践证明，臭氧污染可防可控，但也难防难控。根据科学研究和专家研判，臭氧污染具有一定的区域性传输特性，单一城市的 VOCs 和氮氧化物排放，到生成臭氧污染时，不一定就出现在某个特定排放区域和城市。如北方某城市，区域内 VOCs 和氮氧化物排放企业寥寥无几，但每到夏季高温时段臭氧污染都十分严重。经专家分析研判认为，其前体物有的来自城边农村，有的来自周边城市传输。从这一点来看，区域间联防联控至关重要。

近几年，各地在臭氧防控上探索总结了很多有益经验和做法。除大动作对排放大户开展治理攻坚战和提标改造、深度治理外，还有针对性、预见性地展开防控工作。

如有的城市夏季对主城区 VOCs 排放企业和重型柴油车实施错峰生产、错峰运输；有的城市对加油站实施限时加油和装卸油品；有的城市甚至对人口密集区建筑物刷漆作业、道路划线作业都实施了高温时段禁止作业等措施。这些办法和做法有的科学合理，可以长期实行，但也有些做法对企业正常生产形成了一定影响。

科学总结，守正创新，十分重要，最根本的是要从末端治理转向前端预防。要借鉴秋冬季国家和各地强力实施的重污染天气应急管控经验做法，把夏季臭氧污染防控作为一项解决当前提升优良天数“瓶颈”性问题的重要举措。从临阵磨枪式实施“一刀切”管控，转向精准摸清 VOCs 和氮氧化物排放源头。针对臭氧污染形成的气象前提条件和污染物前提条件，制定严密防控预案，切实增强预见性。精准落实“一市一策”“一企一策”“一点一策”“一天一策”，实施常态管理、依法管理。遇有高温、干燥天气时，要实施社会联动、区域联控，打好臭氧污染防治战、阻击战。

持续推进大气污染防治攻坚战，坚决打赢蓝天保卫战收官决战，真正解决制约提升优良天数的“瓶颈”性问题，需要全社会每个成员共同行动，减少排放。需要各个城市城乡共治、联合作战。需要专家上阵，具体指导。需要从顶层设计、统筹规划、统一部署、早做安排做起，立法定规，防控于新一轮臭氧污染到来之前，着眼长远，精准施策，共同努力。

各地要切实克服臭氧污染治理畏难情绪、观望思想，瞄着争取更多优良天的目标，不动摇、不松劲、不小觑臭氧污染问题。以积极作为，想方设法降排削频，保住更多的优良天。不断扩展臭氧防控成果，让人民群众拥有更多的获得感和幸福感。

17

坚定信心　迎难而上　防控臭氧污染

刊于 2020 年 4 月 21 日《中国环境报》3 版

2020 年 4 月 15 日，位于京津之间的河北省廊坊市，出现了第一个因臭氧第 90 百分位浓度高达 177 μg/m^3 而损失优良天的情况。经笔者在相关网站查询，当日，因为出现臭氧高值而损失优良天的城市不止廊坊一个。在“2+26”城市中，河北省的衡水市、沧州市、唐山市，山东省的德州市、滨州市、淄博市、济南市，还有天津市，都同时出现了类似情况。

近年，每逢夏季，臭氧污染早发、多发、频发问题，已成为直接制约相关城市实现年度优良天达标的“瓶颈”。以往，臭氧污染高值多出现在 30℃高温以上，而 2020 年的臭氧污染高值，不仅来得早，而且出现在当日温度仅在 26℃左右。2019 年，京津冀及周边地区多数城市也普遍在 4 月出现臭氧高值现象，为此，生态环境部还专门在 2019 年 5 月初发布紧急通知，要求各地高度重视臭氧污染防控，并采取相应措施，联防联控。

今年是打赢污染防治攻坚战的收官之年，实现年度和“十三五”空气质量奋战目标，既是打赢蓝天保卫战的重要标志，也是确保高质量打赢污染防治攻坚战的重要指标任务。优良天数作为考量年度空气质量目标任务是否高质量完成的重要指标之一，直接关乎打赢两大战役能否如期实现。如何防控直接损害优良天的臭氧污染，已成为各地面临的重大课题。

据媒体报道，京津冀及周边地区，包括全国众多城市，都在圆满打赢 2019—2020 年秋冬季蓝天保卫战之后，强力展开了对臭氧污染防控的部署。江苏省南京市首次以市委市政府名义发出文件，采取 30 项臭氧污染治理措施，实施 200 项防控作战任务。河北省聚全省之力，全面展开了臭氧防控攻坚战。笔者在河北省生态环境厅污染防治指挥平台上看到，全省 14 个地市的臭氧污染数据，已经成为打好夏季臭氧污染防控阻击战、争取更多优良天的重要支撑。在廊坊市的臭氧防控方案中，不仅有 500 余台燃气锅炉低氮改造所涉企业名单，也有动员公众从生活小事做起参与臭氧污染防控、减少臭氧形成前体物排放的具体操作指南，并向企业和社会公众做出了超前发布。

这些措施充分展示了各地面对困境迎难而上、向臭氧污染宣战的坚定信心。笔者近日研究江苏、河北部分城市臭氧污染防控作战方案发现，遵循臭氧污染形成与治理客观规律，掌握其机制，借鉴秋冬季应对重污染天气之经验，在“防、治、管”上打出一套组合拳，摸准臭氧污染要害打“七寸”至关重要。在廊坊市出台的臭氧污染防控系列管控操作指南中，就有“以防保控”“以治保控”“以管保控”的系列举措。

在“以防保控”上，方案针对臭氧污染多在高温、干燥情况下生成的特点，提出了早预判、早预报、早防控，企业、社会、公众，全民动员、全民参战、全民防控的工作思路，以及从生产、生活、生态多维度打好组合拳的具体措施。

在“以治保控”上，方案明确了廊坊市 30 多项治理臭氧污染前体物，即氮氧化物和挥发性有机物（VOCs）的具体工程。不仅对过去几年精细防控的汽修喷漆、墙体喷涂、道路划线、燃油装卸、高排放运输车辆等制定出明确的管控时间表、路线图和责任人，而且把过去几年关注不够的干洗行业、餐饮油烟排放等小排放环节污染管控也列入了“以治保控”的“大盘子”。

在“以管保控”上，方案明确提出了严肃执法检查、严肃依法处罚各种违法排污行为，具体在操作指南中要求了居民生活垃圾随产随清的时间点、高温时段洒水喷雾增湿作业的时间段，而且着眼生态环境长远建设大方向，提出了园林绿化选择适宜的森林植被、优化树种配置等相关内容。

笔者认为，打赢蓝天保卫战是一场持续的人民战争，防控臭氧污染，作为当前确保争取更多优良天的重要具体举措，一时一刻都离不开广大人民群众和全社会各方面的支援和参与。因为造成臭氧污染的前体物氮氧化物和挥发性有机物，来自生产、生活、生态的方方面面。“防、治、管”不仅是地方政府部门、企业的主体责任，也是全社会广大公众依法应尽的污染防控责任。

因此，各地必须深刻理解和全面掌握“注重做好统筹 $PM_{2.5}$ 和臭氧的协同防治、统筹秋冬季和春夏季、统筹重点区域和城市群地区”工作战略，研究和借鉴各地、各领域成功经验，统筹安排好各项污染治理工作。就臭氧污染防控而言，当前必须通过对臭氧污染的广泛宣传、防控臭氧污染知识的广泛普及、全社会各方面的广泛参与，推动实现预期的工作目标。工作中，无论是眼前还是长远，无论是持续减轻 $PM_{2.5}$ 污染，还是防控臭氧等污染，都要坚决克服畏难情绪，克服重企轻民、重大轻小、重城轻乡、重粗轻细等问题和倾向。要着眼现实、立足长远，不断坚定打赢污染防治攻坚战的信心决心，在面对各种困难、困境、困惑的时候，顽强奋斗、迎难而上，时刻朝着让广大人民群众拥有更多获得感、幸福感的目标不懈奋进。

18

用精准治污解决臭氧无组织排放问题

刊于 2020 年 6 月 2 日《中国环境报》3 版头条

生态环境部部长黄润秋日前在全国两会“部长通道”回答记者提问时强调了精准治污的重要意义，并提出了“五个精准”，即问题精准、时间精准、区位精准、对象精准和措施精准。

近年来，全国空气质量持续改善，但臭氧浓度不降反升。2019 年全国 337 个城市臭氧浓度同比上升了 6.5%，7—9 月全国多个城市出现高温少雨的气象条件，不仅导致臭氧浓度同比大幅提升，还使超标天数明显增加。臭氧已成为仅次于 $PM_{2.5}$ 的影响优良天数的重要因素。臭氧污染形势严峻，直接影响蓝天保卫战优良天数比例目标的实现。治理臭氧污染，亟须贯彻落实精准治污理念。

臭氧前体物是氮氧化物和 VOCs。通过近年治理，高架源的氮氧化物治理取得了一定成效，但移动源和大量工业窑炉排放的下降不显著，特别是 VOCs 尚未得到有效控制。生态环境部近期已着手开展专项调研，帮助企业查找问题、指导企业达标排放、强化运行管理，增强企业的治理效益。精准治污、科学治污、依法治污是臭氧污染治理的总的要求。笔者认为，当下治理臭氧污染的主攻方向应在解决“尚未得到有效控制的”VOCs 污染问题。

哪些问题属于尚未得到有效控制的VOCs排放问题？近期生态环境部下发的臭氧污染治理文件中明确了要重点开展源头替代整治，明确提出自 2020 年 7 月 1 日起，全面执行 VOCs 无组织排放控制标准，重点区域落实特别控制要求；重点检查治污设施废气收集率、设施投运率、设施去除率等问题，全面提升 VOCs 综合治理效率等。这些举措具有很强的针对性，充分体现了精准治污的理念。

同时，笔者也注意到，无组织排放是一些区域臭氧污染居高不下的主要原因。应本着精准治污理念，抓好无组织排放这一重点问题。

比如，某地近日对涉气企业实施无组织排放情况专项检查发现，有些企业存在废弃油漆桶敞口堆放、危险废物露天堆放、敞开式喷涂作业、喷漆件在密闭间外晾晒等问题，还有些企业已安装废气回收设施但仍然存在全流程废气治理不闭环、闭环不严密和废气治理设施吸污风量太小导致废气回收不完全等问题。

经专业人员对车间和厂区边界实地检测发现，VOCs 和氮氧化物空间数值量大多超出了排放限值要求。调取相关区域近年来的臭氧污染监测数值还发现，凡是无组织排放“失控”较重的区域，臭氧污染数值都明显高于其他区域。由此可以断定，涉气企业无组织排放“失控”是导致一些区域臭氧污染居高不下的主要因素。

笔者关注到，现实中涉气企业特别是涉 VOCs 排放企业，因治污设施投入大不愿用、治污设施弄虚作假不管用、心存侥幸不使用、能力较弱不会用等问题十分普遍。在企业方面，有的企业为了降低治污成本，故意拖延安装治污设施；有的安装了治污设施却不正常开启、正常使用；有的企业技术力量薄弱，管理人员对如何保障治污设施正常运行知之甚少，治污设施出了故障便束手无策。

在治污设施销售单位方面，有的在治污设施技术性能上偷工减料、以次充好，故意推销或使用不合格、不达标、不管用的治污设施；有的故意给使用企业安装华而不实的治污设施，导致使用企业白花冤枉钱却治不了污。目前，已安装治污设施的企业，多数都与运维企业签订了治污设施运维协议，但监测频率不够，维护维修保养也不及时、不到位，导致治污设施效能难发挥。

笔者分析，导致上述问题的原因，既有企业怕花钱、治污积极性不高、社会责任感偏弱等因素，也有企业技术人才短缺、运维治污设施不强等问题；既有法规、技术标准不够健全的漏洞，也有相关政府和部门监管、监测不够到位，对恶意排污行为打击、处罚不力的问题。

一些地区的实践经验证明，无组织排放不仅可防可控，而且是防止臭氧重污染形成的有效手段。2020 年，既是实现“十三五”大气环境改善目标的收官年，也是打赢蓝天保卫战的决战年，更是谋划“十四五”大气污染防治开篇布局的探索年和有效解决现阶段因臭氧污染加剧影响优良天数问题的攻坚年。基于此，各地特别是臭氧污染相对较重的城市，要发扬守正创新、持续攻坚、连续作战的精神，积极探索精准、科学、依法开展臭氧污染治理的有效办法。

针对无组织排放管理中存在的问题，要督促、指导企业及时开展 VOCs 无组织排放排查、整治，指导企业制定 VOCs 无组织排放控制规程，向精细化管理要减排量，帮助企业提升全环节、全链条、全方位管理能力。针对企业治污设施不愿用、不会用等问题，强力开展环保法规、标准宣传活动，贴心式帮扶，通过请环保行业专家上门为企业把脉会诊、系统评估，帮助企业精准找出污染成因病灶，开出整治处方。针对近年来组织、推动企业安装治污设施工作中存在的问题和缺陷，真情真意地帮助企业解决好在治污设施安装、使用和管理中发生的矛盾和纠纷，防止因矛盾而导致治污设施停用问题发生。

不断提升各级执法人员通过看、闻、查就能简易判断违法行为的硬功夫，切实把无组织排放污染管控工作精准落实到各环节。积极研究制定配套优惠政策，对稳定达标排放、运行管理规范、环境绩效水平高的企业，纳入正面清单。

在执法检查中，既不能把违法排放的责任全都推给排放企业，也不能忽略治污设施使用单位的主体责任，要通过地方立法、签订责任状等形式，把治污设施研发单位、使用单位、第三方服务单位牢牢捆到一块儿，促进各负其责、共同尽责。

19

落实区位精准要求　谋求治污效能最大化

刊于 2020 年 6 月 12 日《中国环境报》3 版

载于 2020 年 6 月 12 日中国环境 App，题为《大气污染治理要落实区位精准要求》

生态环境部近日召开部务会议提出以“五个精准”提高治污成效，做到问题精准、时间精准、区位精准、对象精准、措施精准。回顾近年来蓝天、碧水、净土三大保卫战取得的成果，无不饱含着“五个精准”的实战成效。作为基层环保人，笔者在落实其中的区位精准方面感触颇深。

以大气污染治理为例，近年来，生态环境部按照党中央、国务院的统一部署，聚焦重点地区、重点行业、重点问题，从京津冀、长三角、汾渭平原等重点地区突破，紧盯细颗粒物（$PM_{2.5}$）污染严重问题，先后组织打响了“2+26”通道城市协同治霾的清洁能源替代攻坚战、落后产能转型攻坚战、“散乱污”整治攻坚战，以及 337 个重点城市的秋冬季重污染天气应对联合阻击战。针对近两年华北地区、长三角地区、苏皖鲁豫交界地区和珠三角地区的大中城市臭氧污染不降反升问题，开展了 20 个城市的调研摸底和协同防控行动，初显成效。事实表明，持续打赢打好大气污染防治攻坚战，不仅要坚定树立方向不变、力度不减的决心和信心，而且要突出重点区位、重点区域，着眼重点污染问题，精准谋划战役行动、精准攻坚。

从重点区位突破，从重点污染行业突破，从重点短板突破，实施区位、区域精准治污，是一项系统工程，是打硬仗的科学战法。治污实践证明，一地的环境质量往往受到上下游和四邻的影响。一个区域的污染治理要想取得稳固、长久成效，仅靠某一个城市的单打独斗不行；没有区位、区域的精准协同和实实在在的治标治本也不行。坚持区位精准，就是运用联系的思维方法，找准污染问题突出的共性和个性症结，从区域层面统筹安排、共同治理入手，精准实施联合攻坚、联合作战、联合治理、联合防控、联合求效。区位准则战法准，战法准则事半功倍。

实施区位精准治污，无论是国家层面的大区域还是地方层面的小区域，都需要站在讲政治、讲大局的高度看待和处理问题。一些城市虽然被国家和地方政府确认为重点污染区域，但在实施治污行动上仍然存在大局意识不够强、协同意识不够好、地方保护主义意识比较严重等问题。一些高耗能、高污染行业由于能够给地方带来高创收，便出现长期转型慢、污染治理不达标，导致一些区域污染问题长期得不到有效解决；也有一些地方对污染治理缺乏统一安排、统一部署，管理宽松软，治理拖差假；还有一些城市和高污染园区秋冬季重污染天气下启动应急响应滞后，落实政策要求不坚决，给周边地区造成污染影响；更有一些企业管理能力十分薄弱，不能依法安装、使用污染治理设施，导致无组织排放十分严重。

如何贯彻落实区位精准要求，谋求治污效能最大化？笔者认为，以下问题要加以重视。

注重理论引导、理念强化。2020年是全面建成小康社会和“十三五”规划收官之年，也是完成污染防治攻坚战阶段性目标任务的“交账”之年。全国各地，特别是区域污染依然严重的地区，要时刻用习近平生态文明思想武装头脑，不断强化保持治污方向不变、力度不减的决心和动力，切实树立政治意识、大局观念，在区域污染治理上用实劲，在区域污染治理协同上做实功。

注重精准合力、导向支撑。“五个精准”构成了打赢打好污染防治攻坚战役的全要素，区域精准是其中的重要组成部分。在气、水、土污染治理重点区位精准确定之后，各地要迅速围绕三大保卫战的战役作战任务要求，精心从问题精准、时间精准、对象精准、措施精准上谋篇布局，要精准摸清各种污染问题，找准污染对象，研究具体可行、周密细致的作战计划，服务和服从于国家制定的区域联防、联控、联治战略布局。要坚持问题导向、目标导向、结果导向，克服地方保护主义行为，实事求是地揭出区位污染老底，曝光存在的问题，为精准实施区域协同治理提供真实、有力支撑，防止“打乱仗、打假仗、打埋伏仗”问题的发生。

注重政策导向、顶层设计。区位精准需要有良好的顶层设计做保障。无论是国家层面，还是县级以上政府层面，都要着眼把政策导向支撑挺在前面，抓好区域顶层和区位基层面。以资金保障、政策保障、措施保障、标准保障、成果保障、考核机制保障的整体安排，建立起气、水、土污染补偿机制。让治污行动快、改善效果好、服从大局贡献大的区位和区域真正得到国家优惠政策的奖励。让治污行动慢、改善效果差、总算地方利益小账的区位、区域受到政策鞭策，从而全方位调动区域治污积极性，谋求区域污染治理成效最大化。

注重守正创新、与时俱进。近年来，全国各地在气、水、土污染治理实践中，结合区位不同气象、水质、污染特点的实际情况，都积极探索总结出了一些成功经验和成熟做法。在今后实施区位、区域精准治污的过程中，各地一方面要紧紧围绕国家制定的区域联防、联控、联治“大盘子”，搞好整体谋划；另一方面要发扬守正创新的精神，延用好、接力传用好一些成功做法，让一些“土办法”发酵添金，生成谋求区位精准、事半功倍新效的不竭动力。

注重现实挑战、务实安排。当前，我国生态环境保护结构性、根源性、趋势性压力总体上尚未根本缓解，以重化工为主的产业结构、以煤为主的能源结构、以公路货运为主的运输结构没有根本改变，生态环境保护的严峻形势没有根本改变，生态环境事件多发频发的高风险态势没有根本改变。尤其是当前受新冠肺炎疫情影响，经济社会发展面临的不确定性因素明显增多，部分地区对生态环境保护的重视程度减弱、保护意愿下降、行动要求放松的风险有所增加。

因此，各地在落实区位精准污染治理过程中，既要防止现实问题挑战在客观上给生态环境带来更大反弹，也要从主观上防止出现厌战退缩思想，减弱区位精准治理力度，影响区域精准攻坚成效。既不能好高骛远、急功近利，出现“一刀切”现象，也不能遇难而退、放纵污染问题长期存在。要科学安排、务实安排，精准发力、科学施治、依法推动，有力、有序、有效推进污染防治攻坚战各项任务。要把挥发性有机物治理摆在更加重要的位置，加大夏秋季臭氧污染防治力度，努力推动轻度污染天转换成优良天。要时刻保持迎难而上的治污斗志，决胜打赢打好“十三五”污染防治攻坚战，为“十四五”持续精准、科学、依法打赢打好污染防治攻坚战奠定坚实基础。

20

“应急保险箱”是怎么打造出来的？

刊于 2020 年 11 月 20 日《中国环境报》3 版头条
载于 2020 年 11 月 20 日中国环境 App，题为《你的企业进“应急保险箱”了吗？》

2020 年 11 月 18 日，河北省廊坊市刚刚宣布解除重污染天气二级橙色预警，笔者就接到电话：“在‘应急保险箱’里干活的感觉太好了，感谢国家的好政策。”经笔者追问才知道来电人是谁，以及他为何会有这样的感慨。

进入秋冬季，京津冀及周边地区“2+26”污染传输通道城市先后经历了两轮重污染天气过程。为最大限度保障人民群众的身体健康，各地根据污染程度的轻重，先后启动了二级橙色或三级黄色应急预警。很多被排在应急响应清单 A 级之外的企业，按照应急响应的要求，落实停产或限产措施。这些企业手握着订单干着急，更眼热被评为应急响应 A 级的企业热火朝天地生产，但在应急法规的严格约束之下也无可奈何。

这样的实例过去很多，现在仍有。在 2020 年 11 月中旬长达数天的二级应急响应过程中，河北省廊坊市神州节能科技集团有限公司总经理高铁彦正处理着一笔高达 2 000 多万元的橡塑生产订单。“如果不是接受往年的教训，投资 200 万元安装了催化燃烧治污设备，不仅订单不能按时交货，还可能要包赔对方的经济损失。” 高铁彦庆幸，自己的企业在 2020 年的绩效评级中被生态环境部定为 A 级企业。笔者前边说到的来电人正是高铁彦，类似的企业在廊坊市还有河北奥美斯绝热材料有限公司、香河天亚木业有限公司等 20 家。

为有效减少区域污染排放总量，减轻大气污染承载负担，实现空气质量持续好转，2018 年，生态环境部出台了鼓励企业依法治污、保护优秀企业在重污染天气应急响应时段实际利益的具体举措，明确要求采用绩效评估手段，对企业实施“多排多限，少排少限，不排不限”的差别化管控措施。当年，廊坊市只有 1 家企业够得上评 A 级企业资格。在政策激励下，2019 年，廊坊市又有 4 家企业通过技改提升，争得了 A 级企业资格。

即使在疫情防控、企业生产出现下行的不利背景之下，2020 年廊坊市入选绩效评级 A 级的企业数量不但没有减少，反而同比增加了 4 倍。由于当地严格落实国家有关规定，在重污染天气应急响应期间，对被评为A级企业实施落实“不限产、不停产、少检查、少打扰”的要求，这些企业都自豪地对外宣称，自己进入了重污染天气“应急保险箱”。

打造企业重污染天气“应急保险箱”说起来轻松，实际做起来并不简单。笔者认为，以下几个方面的举措值得在当前和“十四五”期间继续推进落实和深度完善。

雷打不动地向全社会展现治污决心。从近年企业治污行动来看，对自身存在的污染问题，很多企业最终能够加大投入、彻底治理污染，都是从等待观望、到消除各种疑惑的过程走过来的。实际上，现在仍有企业心存侥幸，不愿意在治污上下真功、真投入、花大本钱。因此，各地要深入学习贯彻党的十九届五中全会精神，特别是要贯彻落实好要突出抓好生态环境治理、持续打赢污染防治攻坚战的重要要求，在做好“六保”“六稳”工作前提下，坚决把大气污染治理“方向不变，力度不减”作为刚性要求、铁腕行动。采用法规宣传不间断、严格执法不松劲、典型引路做示范等多种方法，始终不移地在全社会营造打赢打好污染防治攻坚战的良好氛围，解决好部分群众有担心、一些企业有疑虑的问题，引导企业坚定依法治污、依法尽责决心。

不断出台和完善好政策。近年来，在基层污染治理工作中，发现企业关注最多的就是国家或地方出台了什么让企业受益的好政策。以大气污染防治为例，近年相继出台的燃煤锅炉污染治理、机动车污染治理等相关补贴政策，都深受企业欢迎。特别是针对重污染天气应急响应所采取的绩效分级举措，大大激发了企业的治污热情，有效推进了区域污染减轻进程，实现了空气质量持续改善。

在当前面临蓝天保卫战圆满收官和“十四五”即将开局的关键时刻，进一步完善和推进用行政的、法律的、经济的和社会诚信体系的多手段激励办法，有效调动企业治污积极性，让更多企业进入环保“白名单”、纳入重污染天气应急响应的“保险箱”，不仅事关生态环境高水平保护，而且切实有利于高质量发展。改变过去“罚”“压”较重，“奖”“帮”较少现象，既严肃落实法规要求，又设身处地考量企业实际情况，帮助企业增强环境意识，履行社会责任，真正让企业感受到国家和地方政策的温暖。

要对企业治污真帮实帮。近年来，围绕大气污染防治，国家和地方相继出台了一系列的新标准、新要求、新举措、新办法。例如，2020年夏季，生态环境部针对臭氧污染不降反升问题，出台了VOCs治理相关技术指南、涉气企业无组织排放管控等一整套技术标准和工作要求。但一些企业对新标准一知半解，新治污设施缺少技术管理人员，对一些无组织排放管控新要求不能做到常态化落实。

对此，廊坊市政府拨付专款立项，采用请专家技术团队入企具体帮扶的办法，对全市2 000多家涉气企业逐一排查、把脉问诊。从具体细节上，一边“挑毛病”，一边“开药方”；一边当“医生”，一边当“老师”。对照标准帮落实，提前预审把好关。不仅被评为A级企业的数量大增，被评为B级企业的数量也增加了3倍以上。

由此可见，打造重污染天气“应急保险箱”，要靠良好守正的治理大环境、大氛围做基础，要靠具体管用的政策举措做企业治污动力，要靠地方政府和有关部门对企业真情实意的帮扶做支撑。

21

动态更新　精准施策　调动治污积极性

刊于 2021 年 1 月 4 日《中国环境报》3 版头条

近期，笔者接触到一个新鲜词：动态更新，而且与大气污染防治有密切关系。

生态环境部针对大气污染防治中央支持资金项目出台的新举措中明确提出，为鼓励企业的治污积极性，从 2021 年开始，生态环境部建立中央大气污染防治项目储备库，对申请中央资金支持的治理项目，实行动态管理。各地对符合中央大气污染防治资金支持条件的项目，可以通过储备库这个平台随有随报、随时申报、动态更新。这一招果然灵验，仅河北一省近期就有百余家企业积极参与。

多家媒体报道，因生态环境部从 2019—2020 年秋冬季开始，对重污染天气应急响应期间企业评级实行动态管理、动态更新，让污染治理达标的企业随时可以进入 A 级企业名单，随时可以享受到“多排多限、少排少限、不排不限”的优惠政策，让严重违法违规的企业随时动态退出 A 级企业名单。

与此同时，笔者还在媒体看到，河南省生态环境厅对企业申请中央大气污染防治资金支持项目采取动态管理，10 家企业因在落实重污染天气应急措施过程中存在停产不到位、减排不到位等违法违规问题被取消资格。这则新闻在全国各地企业中引起很大反响，不少网友也留言表示必须接受教训。

类似这些动态管理、动态更新、动态奖罚的举措，实际上是国家污染治理政策的有力支柱。这些举措带来的积极成效，给我们带来很多启示。

精准治污尚需精准手段作推手。“十三五”期间，各地铁腕治污，推动污染防治攻坚战取得决定性成就，生态环境质量持续改善。但是，一些传统产业污染治理不到位、企业污染治理设施低端运行和不正常使用、对重污染天气应对举措不够精细、一些企业对污染深度治理等待观望等问题，在一些地区依然存在。要解决这些问题，精准施策至为关键。

因此，各地应切实树立守正创新的思想，一方面要认真回顾总结“十三五”期间大气污染治理的经验，延续成功做法；另一方面要着眼协同防治新要求，出台能够切实调动地方和企业积极性的新举措，综合利用多种手段，精准施策，求得实效。

精准奖惩尚需精准施策作支撑。“十三五”期间，各地在推进大气污染防治攻坚中，针对一些地方政府治污责任落实不到位、企业治污责任不落实等问题，相继出台了一系列奖惩措施和考核办法。特别是针对一些地方污染治理目标任务不能完成、中央生态环境保护督察发现污染问题较多、空气质量指数不降反升等问题和一些企业治污责任不落实、假落实及恶意排污行为等问题，实施了约谈问责和经济、法律处罚。但面对大气污染精准治理、精准防控的新形势、新要求，应当借鉴动态更新的理念，确保这些奖惩措施和考核办法能够与时俱进。例如，有的地方在过去的考核办法中，不考虑气象条件因素对空气质量变化的客观影响，硬性要求一些区域空气质量同比不得出现时段性下降；有的地方在空气质量考核中，采用“一刀切”的方式，不考虑污染源谁重谁轻，出现重污染问题时各打五十大板；还有的地方在对企业进行资金奖励时，采用“撒胡椒面”的方式，重点不突出，好坏一个样。上述问题在一定程度上影响了一些地方和企业的治污积极性。

笔者建议，有关地方和部门对空气质量的考核和奖惩，应借鉴水污染治理实施的上下游补偿机制，对污染治理滞后的区域不仅实施约谈问责，还应对下风向区域给予经济补偿。对企业的奖惩也应因情施招，视情奖惩，充分体现社会公平，激发地方和企业真心治污的积极性。

“十三五”治污实践表明，依法调动企业治污积极性对推进大气污染防治至关重要，但也确实难度不小。在这方面，法规政策的支撑很重要，同时，各地也应结合当地实际情况和企业实际，适时采取一些实在、具体、管用的“土办法”。例如，一些地方在治理传统产业污染过程中，面对缺政策、少标准、无现成经验等问题，政府部门主动帮企业请专家入企查问题、做方案；帮助同类型企业树标杆、做引领；支持院企合作，定标准、做示范、找出路。再如，一些地方帮助企业按上级制定的企业绩效评级政策要求，提升管理能力、开展治污行动。

这说明，要推动企业真心治污，政府部门的服务理念也应动态更新，跟上企业的需求，做到真心帮扶。政府部门有了帮扶企业的诚心，才能想出更多解决治污难题的办法，出台更多调动企业治污积极性的举措，从而促进环境质量持续改善。

22

“清单企业”应在精准配合上做表率

刊于 2021 年 1 月 8 日《中国环境报》3 版头条

伴随“十四五”开局之年的到来，2020—2021 年秋冬季大气污染防治工作进入第二阶段。按照部署，各地相继发布生态环境监管正面清单、重点建设项目保障清单和民生建设项目保障清单。列入这 3 个清单的企业和建设项目，在地方实施重污染天气应急响应时，可以不停产、不限产，并要求日常执法少检查、少打扰。目的只有一个，就是让这些企业开足马力，安心生产，放心建设，确保生产目标和建设任务如期、尽快实现。

但笔者在实际工作中发现，一些企业存在只享受“绿色通道”的温暖，却不尽依法治污之责的问题。例如，有的企业明知自身生产环节污染排放较重却久拖不治，不愿意投资治理设施；有的企业明明有污染治理设施，在生产过程中却不能做到正常运行，甚至在重污染天气应急响应之下，仍恶意排污。再如，有的重点建设清单项目在实施土方施工作业时，拒不落实相关抑尘管控措施，把国家和地方的法规要求当儿戏。这些企业的所作所为不仅抹黑了“清单企业”“清单项目”形象，而且给当地重污染天气污染防控带来严重后果。

在实施疫情防控一年多的时间里，国家和地方对大气污染防治工作始终坚持“方向不变，力度不减”的要求。为了支持“清单企业”不停产、不限产，很多地方都超前谋划，最大限度将“清单企业”在重污染天气应急响应时多排放的污染物总量，从全社会排放总量的“大盘子”中东挖西抠找回来，从而确保“十三五”大气污染防治各项考核目标任务如期实现。以河北省廊坊市为例，2020—2021 年秋冬季，被列入上述 3 项清单的企业有近 700 家。为了既让“清单企业”优待政策不折不扣落实，又确保重污染天气防控目标如期实现，廊坊市通过严控餐饮企业饭店油烟、严控散煤复燃、严格督导相关燃煤供热企业持续实现超低排放等多项精细化管控举措，科学核算减排空间。

那么，“清单企业”应该如何做到既为保障疫情防控、支持经济复苏做贡献，也为保蓝天、支持当地空气质量持续改善做贡献呢？

保疫情防控和经济复苏、保蓝天白云都是重要的民生大计。各级政府和相关执法部门在疫情之下出台系列举措，保“清单企业”正常生产。作为企业，应该看到这是危机中谋发展的好机遇，也要看到，空气质量持续改善的成果来之不易，理应十分珍惜。在享受优惠待遇的同时，一定不要忘记国家法规明确的治污责任，对存在的污染问题应克服困难，尽快安排资金，上全治理设施，早治理、早减排。对已有的污染治理设施要确保正常使用，绝不能因贪图小利而失大责，更不能恶意排污。对国家和地方要求的常态化治理措施，企业要一丝不苟地抓好，做到常态化落实，切忌投机取巧。企业应努力做到靠政策优待保企业发展，靠依法尽责保蓝天常驻。

笔者在实际工作中发现，一些“清单企业”虽然积极实施了污染治理，但在生产过程、治污细节上仍有不少小毛病。有的企业大错不犯、小错不断，大污没有、小污常有，在精细管理、精准防控上仍然存在很多工作漏洞和不足。有的“清单企业”不是治理不好，而是依法控污的意识不够强、管理能力不到位、责任落实还不够好，特别是在管控无组织排放问题上更为突出。面对“十四五”时期的新要求，享受国家和地方政府优惠待遇的“清单企业”更应该在精准治理、精准管控、精准配合地方落实重污染天气应急响应上当先锋、做表率，让清单外企业服气，在全社会形成共治共享的良好氛围。

当前，各地为支持“清单企业”正常生产，积极开展送政策、送温暖、送技术帮扶活动，推动企业走高质量发展之路，可谓用心良苦。在这种情况下，“清单企业”绝不能把优惠、优待看成法外之地，放任污染问题不管。要享受各项优惠政策，都以企业做到不违法排污、不出现恶意排污行为、不产生严重超标排放问题为前提，这是红线，任何企业都不能逾越。如果逾越，不仅会被依法依规清除到清单之外，还会面临经济处罚、被媒体公开曝光，甚至被列入企业诚信黑名单等，企业形象也会因此受损，进而影响企业发展。因此，保清单留名，就是保企业形象，保企业长久生存。

23

到手的优良天为啥不愿要?

刊于 2021 年 1 月 13 日《中国环境报》3 版

“十三五”收官之年的最后一个月，由于气象条件有利于污染物扩散，京津冀地区很多城市都超额完成了优良天目标任务。这本来是一件大好事，可笔者却听到有县级负责大气污染防治工作的同志发出感叹：“唉，今年的优良天多了，明年老天爷不帮忙了怎么办？多创的优良天真不如没有。”

争取更多的优良天，是大气污染治理考核的核心目标任务，是大气污染防治工作者最引以为豪和欣慰的一项成果。按理说，本地的优良天超过考核标准完成任务，大家都应该高兴才是。可在现实工作中，为什么会出现不想要更多优良天的现象呢？

笔者调查发现，导致上述现象出现的最主要原因在于，有些地方大气污染治理考核机制欠科学，问责办法不够贴近实际。比如，个别地方的考核办法规定，$PM_{2.5}$ 浓度和优良天数与上一年度同比，每月均不得出现不降反升情况，年度内若出现 3 次及以上不降反升情况，不管年度任务是否完成，都要被约谈问责；还有的地方考核办法规定，重污染天数同比只能持续减少，不能有所增加，本年度重污染天数如比上年增加，无论什么原因，也要被约谈问责。

这些地方出台明显严苛于国家标准的考核问责要求，表面上看，似乎显示了当地防治大气污染的决心和力度。但落实到具体工作中，由于有些考核办法过于机械，没有充分考虑自然气象条件对空气质量的影响，一味地把阶段性空气质量变化情况归结到人为因素上来，导致一些地方出现了害怕年度内空气质量大幅度变好的现象。某县工作人员对年度超标完成的优良天产生不愿要的情况，就是典型实例。

“十三五”期间，全国各地铁腕治霾，持续打赢蓝天保卫战，圆满、超额完成“十三五”空气质量改善目标任务，交出了一份合格的答卷。从国家部委层面到地方省市层面，围绕大气污染防治工作，都相继出台了一系列考核机制、督察机制和约谈问责机制，可以说，这些方法发挥了重要指挥棒作用，良好、科学、完善的考核机制是激励和推动污染治理的有效手段和方法。这个手段用好了，会极大鼓舞和鞭策基层的治污积极性，对持续推进“十四五”生态环境质量改善，特别是深入打好大气污染防治攻坚战起到重要推动作用。

但同时我们也要看到上述现象在个别地方仍然存在，必须及时总结以往经验教训。从“十四五”开局之年做起，按照精准、科学、依法、管用的原则，认真梳理、修改和完善相关考核问责机制，求得新成效。

正确认识考核机制的激励作用。“十三五”治霾之初，一些地方受思想认识不到位和治污决心不足的影响，治污积极性欠缺。之后，各地相继出台考核问责机制，通过明确考核指标、强力实施约谈问责，推动了各地打赢打好污染防治攻坚战。这也说明，考核机制在“十四五”时期只能强化，不能削弱。各地制定的考核办法和约谈问责机制，虽然在某些领域存在一定程度的不合理，但从整体上、全局上看，是符合工作需求的。地方政府和相关部门要强化大局意识，正确认识和积极落实相关机制，不能因一时、一事的对己不利而产生消极、懈怠情绪。要积极主动向上级相关部门反映现实情况、反馈合理诉求，以推动当地环境空气质量持续向好为最终目标。

精准、科学谋划考核办法。“十三五”治霾实践表明，一个地方、一个区域空气质量的持续改善，多为曲线波动式整体向好。由于气象条件因年而异，各有不同，所以各地在制定“十四五”空气质量考核指标时，也要全盘考虑，科学分析，统筹谋划 5 年的总目标。要借鉴秋冬季生态环境部对企业实施差异化管控的经验，对区域不同城市落实差异化考核和约谈问责机制，最大限度保护治污成果较好城市的工作积极性。切不可用上一年度实现的改善目标，硬性推导新一年的考核指标。可以采用相近 3 个年度污染指数平均值、优良天数平均值、重污染天数平均值确定新年度考核指标。在约谈问责上，既要严肃认真，也要区分不同情况，实事求是。不可片面地鞭打快牛、放任懒牛，要真正把考核问责这个指挥棒用准、用实，让治污滞后者受鞭策，让治污先行者受激励，让协同治霾生效能。

实事求是处理好“特殊情况”。通过“十三五”期间生态环境部开展的“一市一策”攻坚论证，我国重点区域，特别是京津冀及周边地区每个城市的污染状况已经心知肚明。每轮重污染天气的形成，源自何方，重在何处，到底是谁污染了谁，各地也都有了“明白账”。在这种情况下，考核和约谈问责的重心应该向污染源产生的重点地区倾斜。当一些城市因被动受污形成不可预判的重污染天气时，特别是出现单一年度不能完成相关考核指标任务时，从约谈问责上应予以具体考虑，特殊情况特殊处理，充分体现考核机制的科学性、合理性、人性化，最大限度地调动和保护治污先进城市的工作积极性，充分体现公平、公正。

总之，各地应把考核问责作为手段，而不是目的。要参照生态环境部近年出台的一系列治污考核和约谈问责办法，抓住“十四五”开局之年的有利时机，弘扬守正创新的改革精神，大胆修改不切实际、不合时宜的老办法，适应精准治污新要求。尽快出台更加科学、务实、合理、求效的新举措，为全面、深度打赢未来 5 年的蓝天保卫战奠定良好基础。

24

放鞭炮可以治新冠纯属谣言

刊于2021年2月3日《中国环境报》3版

2021年春节，笔者发现有的地方，特别是在一些农村地区和一些不能回家过年的人当中，出现了一种热衷购买烟花爆竹的现象。其实，这些地方已经实施了多年“禁炮令”，群众在认识到燃放烟花爆竹的危害之后，也已经自觉养成了不再燃放鞭炮的好习惯。但为什么近期又重新产生了燃放鞭炮的念头？笔者调查发现，问题原来出现在与新冠肺炎疫情有关的一些谣言上。

这类谣言大概有两类，一类是说烟花爆竹产生的烟雾可以驱妖避邪治新冠病毒，另一类是说异地过年放挂鞭、家乡亲人可平安。其实，这类谣言2020年也曾出现过。2020年春节期间，武汉市之外的个别地方，因为一些人听信了硫黄可以治新冠病毒的谣言，大量燃放鞭炮，导致春节期间出现了空气质量重污染的情况。

燃放烟花爆竹会产生大量烟雾，这种烟雾的成分主要是二氧化硫，与空气中的水分形成稀硫酸气溶剂后，不仅治疗不了任何疾病，还会对人体的呼吸系统造成不同程度的伤害。特别是遇到不利于污染物扩散的秋冬季大雾天气，可能会立即形成严重污染。

近年来，全国各地积极开展大气污染防治攻坚行动，空气质量得到大幅改善。绝大多数公众在充分认清燃放烟花爆竹会对人体健康产生伤害后，自觉摒弃传统习俗，树立文明过节新理念、新习惯。面对谣言，之所以有些人经不住诱惑，旧习复发，说明在这些人的脑海里，控污染、保健康的科学意识，以及大气污染防治人人有责、人人尽责的观念还没有真正扎根树牢。这提醒我们，各地尤其是农村地区在防控疫情时，要着眼现实问题，全方位做好疫情防控知识的普及和宣传，让谣言止于智者，别让放鞭炮毁优良天的现象在新的一年重演。

25

造假是精准防控大敌，五种造假表现需严防

刊于 2021 年 3 月 24 日《中国环境报》3 版头条

基本消除重污染天气是“十四五”时期我国大气污染防治的一项重要目标任务。2021 年 3 月的近两个月，京津冀及周边地区几次出现重污染天气过程，与近年同期相比，呈现时间长、区域污染重的状况，而且部分空气质量已达标或基本达标区域，也出现了轻度以上污染天数增多的问题。根源在哪儿？近日生态环境部公布的一份实地检查信息，回答了这个问题。

在 2021 年 3 月上旬至中旬，京津冀及周边地区出现的一轮重污染天气过程中，生态环境部派出 100 个监督帮扶工作组，进驻京津冀及周边地区，聚焦钢铁、焦化、水泥、玻璃等重点行业，对各地重污染天气应急响应工作开展监督帮扶。监督帮扶工作组共现场检查企业 4 030 家，其中发现存在各种落实应急响应不真、不实的企业多达 770 家，占比约为 19%。发现未按重污染天气应急预案规定落实停产措施，未按重污染天气应急响应要求落实限制生产、减产等措施，“未批先建”或未取得排污许可证，未安装或不正常运行污染防治设施等典型问题有 1 055 个。问题数量、性质，以及污染后果惊人。

自 2013 年以来，在落实“大气十条”、打响蓝天保卫战过程中，通过大力宣传生态环保知识和环境法律法规，连普通老百姓都明白，形成重污染天气的主要因素，除不利于污染物扩散的气象条件外，必然有可形成重污染后果的污染排放源。如果没有污染源存在，那么即使自然气象条件不利于污染物扩散，也不会形成重污染的后果。因此，要基本消除重污染天气，必须首先消除可造成重污染后果的污染源头。

生态环境部监督帮扶组在各地发现的各类污染问题，尤其是在减排问题上弄虚作假的问题，不仅是在启动重污染天气应急响应背景下才有，也不是某个地区、某些重点企业单一存在的个性问题，而是一些地方普遍存在的顽固性问题。

各级检查和媒体曝光显示，近年来发生在大气污染防治战场上的弄虚造假问题，大致有以下几种表现。

一是环评造假。有的企业为应对重污染天气停限产，与环评单位相互勾结，恶意编

造假环评文件，建设根本就没有生产能力的生产线当摆设，以假乱真，形成应急响应不减产、不减排事实。

二是监测造假。有的社会监测机构收取好处后，故意为相关企业编造假的监测数据，导致企业实际排放情况不真不实，形成管控失效后果。

三是治理设施造假。治理单位和技术设备单位串通一气，安装根本没有治污效果或治污效果不达标的所谓治污设施，应付各种检查。

四是应急响应预案造假。有的企业向政府呈报的应急减排措施达标合格，但在执行应急响应时，按照掺水造假的另一套方案执行；甚至有的企业还制造假的应急响应公示牌，上报假的停限产措施，欺骗各类检查。

五是编造不实借口造假。有的企业，特别是钢铁、玻璃、焦化等行业企业，往往以接到应急通知晚、按时停产停炉会出安全事故为挡箭牌，故意拖延落实减排措施，形成事实上的造假结果。

从 2020 年前几个月京津冀及周边地区几次出现重度污染的情况来看，上述各类造假行为，无不是在不利气象条件下，推波助澜、雪上加霜，促成重污染形成的“黑手”。由此可见，造假是精准防控的大敌，是产生重污染的帮凶，是深入打好污染防治攻坚战的绊脚石。造假问题不除，不仅重污染天气难防，还会给精准治污添乱。

为此，笔者认为，实现“十四五”基本消除重污染天气目标，在深入、精准、科学、扎实做好各项减排工程的同时，还必须采取各种强制手段，彻底治理弄虚作假行为，还应急响应管控真实成效，从而实现重污染天气少出现、不出现的目标。

治假必须治心。治理应急响应弄虚作假问题，地方政府和相关部门首先要做到坚定不移地落实习近平生态文明思想，在深入打好大气污染防治攻坚战的全过程中，从内心深处树立方向不变、力度不减的坚定决心，向各种弄虚作假行为宣战。同时，要引导企业真正树立治污光荣、造假可耻的思想理念，树立高质量发展的正确意识，坚决摒弃各种形态的弄虚作假、投机取巧赚黑心钱行为，以实际行动积极参与大气污染深度治理、精准治理，树立企业遵规守法良好形象。

治假必须治软。企业各种弄虚作假行为之所以长期存在，主要根源在于执法有漏洞、执法不严格，对各种弄虚作假行为的打击偏软。因此，各地要从平时做起，对在执法检查中发现的各种弄虚作假行为严打重罚，既不能得过且过，也不能因各种外来因素影响，削弱和淡化依法治理责任。特别是对在重污染天气应急响应过程中发现的各种形式弄虚作假行为，更要依照相关法规，从严惩处，推动和督促企业依法严格落实重污染天气应急减排措施，做到不打折扣、不掺水分，达到精准管控的效果，保护公民应得的健康权益。

治假必须治虚。调查发现，一些企业之所以长期存在弄虚作假行为，除认识不高、守法意识不强、执法不严外，一些地方为企业制定的应急减排措施不够切合实际，也是一个重要因素。有的地方在制定企业应急响应减排措施中，明显存在行业“一刀切”、对企业减排底数不够清楚和工作“虚粗”问题。因此，各地要针对各级检查发现的弄虚作假现象和问题，认真梳理内在原因和个性根源，在为企业制定应急减排措施工作中，切实做到“一企一策”、精准务实，确保企业能实施、真实施。在落实重污染天气应急管控工作中，尽量早预判、早通知、早指导、早帮扶，给企业留足充分的准备空间，以此减少企业因应急响应措手不及而产生弄虚作假行为。

26

防控臭氧污染既要精准又要求效

刊于2021年4月16日《中国环境报》3版头条

2021年3月下旬以来，全国多地出现较大面积的轻度臭氧污染。2021年，臭氧来得早、浓度高、范围广、协同治理难度大。近年来，夏季臭氧污染频发、多发、高发，臭氧污染已逐渐成为仅次于 $PM_{2.5}$（细颗粒物）影响优良天数的重要因素。为此，《中共中央关于制定国民经济和社会发展第十四个五年规划和二〇三五年远景目标的建议》明确了“十四五”期间“加强细颗粒物和臭氧协同控制”这条主干线。由此，VOCs 作为臭氧污染形成的重要前体物，已成为治理臭氧污染的主要抓手，并已替代 SO_2，成为“十四五”国家考核各地大气污染防治成效和目标任务的重要指标。

着眼圆满完成“十四五”开局之年空气质量改善目标任务，一些城市提出了“向夏季臭氧污染要优良天，确保年度争创优良天目标任务圆满完成”的工作举措。

2021年生态环境部在秋冬季帮扶检查中发现，一些企业存在不落实应急响应停限产措施、污染治理设施不起作用、有治理设施不正常运行、环评和监测数据造假等问题。这些问题在各地实施的夏季污染防控工作中也普遍存在。如在夏季臭氧污染防控工作中，一些地方探索施行了与秋冬季应急响应相类似的停限产、错时生产、错时加油卸油、错峰限制 VOCs 和 NO_x 排放生产环节在高温时段停止作业等举措。但实际中，这些举措落实不到位的现象比比皆是，导致好举措没有取得预期效果。再如，有的地方为了减轻 VOCs 排放污染，每逢夏季都部署企业开展相关减排行动，但本地 VOCs 排放到底来自哪些行业、哪些环节，到底排放量有多大，根本就没有搞清楚、弄明白，好措施变成了纸上谈兵。又如，有的地方片面用“一刀切”方式，对不同类型、不同质量、不同污染物排放企业，实施千篇一律的停限产和错峰生产措施，导致精准施策变成一句空话。

臭氧污染防控，已成“十四五”重点任务和重点考核指标，国家之所以在“十四五”期间把 VOCs 排放作为治理考核的硬任务、硬指标，目的就是要严控臭氧污染形成的前体物，通过把 VOCs 污染排放降下来，借以达到防控臭氧污染、实现向臭氧污染要优良天的大目标。这一安排，针对性较强，是一项切中要害的好办法。因此，各地要总结、借鉴近年臭氧防控的成功经验，守正创新，探索臭氧污染防控的新方法。要深入研究生态环境部近年出台的臭氧污染防控相关举措和技术标准。科学、精准安排臭氧污染防控各项举措。

一是帮扶措施和防控措施要精准。近日，河北省廊坊市出台了“双八条”大气污染综合治理和臭氧污染防控强化措施，提出对全市涉 VOCs 企业实施精准调研、精准帮扶、精准治理、精准管控的措施。从建立“一厂一策”“一行一策”“一时一策”做起，实施差异化错时防控的措施可学可鉴。

二是激励办法要实在。为调动企业依法治污积极性，可在实施夏季臭氧污染防控错时生产期间，对秋冬季达到生态环境部绩效评级 A 级企业和引领性企业，落实“不停产、不限产、不错时、不打扰”优待政策。保持优待政策落实的连续性，引领更多企业进入“A 级圈”的做法，无疑会对企业产生强烈的正面引导作用。

三是依法打击要到位。针对以往臭氧污染防控工作中经常出现的错时生产不落实、污染治理设施不起作用、有治理设施不正常运行、环评和监测数据造假、销售和使用不合格车用油品等问题，要在 5 月至 9 月常态化开展打击臭氧污染防控弄虚作假行为专项行动。严惩重罚弄虚作假单位，严肃追究违法企业和第三方服务单位弄虚作假责任。严厉追责、问责各级各类人员失职、渎职行为的做法，直击时下影响空气质量持续改善的要害问题。这不仅会对眼前破解向臭氧污染要优良天症结之局达到良好的助力效果，也会对深入打好污染防治攻坚战起到良好的保障作用。

27

治气没有天堑　关键在下苦功

刊于 2021 年 6 月 25 日《中国环境报》3 版头条

载于 2021 年 6 月 24 日中国环境 App，

题为《上半年全国多地空气质量经历“过山车”，巨大逆转给我们带来哪些启示？》

2021 年上半年即将过去，大气污染防治工作也经历了严峻考验。第一季度，全国多地特别是京津冀地区多个城市受极端不利天气影响，出现了优良天数减少的情况。自第二季度以来，绝大部分城市空气质量改善明显。

以河北省廊坊市为例，第一季度，$PM_{2.5}$ 平均浓度同比不降反升 2.3%、优良天数大幅减少了 10 天。而截至 6 月 20 日，廊坊市空气质量却出现一组令人惊喜的数据。与上年同期相比，空气质量综合指数为 4.81，同比下降了 4.9%；$PM_{2.5}$ 平均浓度为 43 $\mu g/m^3$，同比下降了 6.5%；优良天数为 118 天，同比增加了 3 天，超时序进度完成了目标任务；重污染天数为 4 天，同比减少了 6 天，为有监测记录以来重污染天数同期最少。

上半年第一、第二季度空气质量的巨大逆转是怎么实现的？这些变化给我们坚定信心、完成“十四五”目标任务带来了哪些启示？笔者认为，主要包括以下几点。

首先，“气象影响型”不是“气象决定型”。始终坚持方向不变、力度不减，是深入打好污染防治攻坚战必须坚守的重要原则，面对“气象影响型”特征的客观现实，必须守正创新，坚持科学攻坚、精准攻坚。2021 年第一季度，特别是 2—3 月，受极端不利天气影响，京津冀地区在外来污染传输和本地遗留污染双重作用下，持续出现重污染天气过程。这说明，不利气象条件的严重干扰，确实对空气质量的持续改善产生了影响。进入第二季度后，各地积极完善治理措施，抓住臭氧污染防控这个夏季影响空气质量的“牛鼻子”，集中发力攻坚，取得了明显效果。由此可见，极端不利气象条件对某一时段的影响不可避免，但不可能从根本上影响全年空气质量水平。而且，一时一段的不利与被动，完全可以通过事先有准备的正面应对和事后有目标的科学攻坚来扭转。应客观、全面分析和认识“气象影响型”的“力”和“度”，准确把握年度攻坚的方向，适时做出科学的安排部署。同时，还要始终如一坚定必胜的信心，确保“天不帮忙人努力”。

其次，臭氧污染是难啃的“硬骨头”，但非不可啃的“硬石头”。近两年，一些地方因为臭氧污染影响了空气质量、减少了优良天数，把臭氧污染看成不可啃的“硬石头”。其实，并非如此。以廊坊市为例，2019 年全年因臭氧污染损失的优良天高达 76 天。2020 年，通过落实生态环境部夏季臭氧污染防控帮扶提出的多项举措，积极探索适合本地实际的高温时段错时生产措施，当年因臭氧污染损失的优良天就减少了 7 天。2021 年上半年，在第一季度同比减少优良天 10 天的不利情况下，廊坊市提前部署臭氧防控行动，一手抓源头防控，一手抓高温天气应急管控，最终实现 4 月同比减少因臭氧导致的轻度以上污染 3 天、5 月减少 2 天、6 月已减少 7 天的攻坚目标。由此可见，臭氧污染是可控可防的，而且臭氧治理也是“十四五”期间深入打好大气污染防治攻坚战必须抓紧、抓好的重要工作。

夏季臭氧污染防控阶段的气象条件，远不如秋冬季变化多端、复杂多样，关键是要抓住战机，按照“五个精准”的要求，找准问题、把握时间、定好区位、认准对象，切实摸清规律、科学应对。只要路子对了，臭氧一定会低头。

最后，“基本消除重污染”，不是不可能，而是一定能实现。《中共中央关于制定国民经济和社会发展第十四个五年规划和二〇三五年远景目标的建议》提出，要基本消除重污染天气。从京津冀及周边地区 2021 年上半年空气质量整体改善情况来看，这个目标是完全可以实现的。2021 年上半年，尽管有两个月遭遇了极端不利天气袭扰，但很多城市重污染天气还是明显减少。

再以廊坊市为例，2019 年廊坊市重污染天气出现 10 天、2020 年出现 11 天，而 2021 年上半年，仅出现 4 天。某个城市出现重污染天数大幅减少的情况，展现的不仅是一个城市的治理成果，协同治理的作用在京津冀及周边地区已经得到充分体现。在摸清污染成因的前提下，要标本兼治，强化治本措施。加强产业、能源、交通运输结构调整，通过源头和末端治理措施，进一步减少各项污染物排放。同时，还要科学开展重污染天气应急，落实好差异化应急减排措施，尽可能减轻重污染天气的影响。

28

环境社会治理：环保公众参与的升级版

载于 2021 年 7 月 2 日河北新闻网平台

自党的十八届三中全会提出要推进国家治理体系和治理能力现代化后，很多重要文件陆续出台。作为生态环境部门，如何在本领域推进治理体系和治理能力现代化，让生态环境保护事业向广度和深度发展，是一个非常重大的战略考量。当然，这个问题很大，我们只从在环保领域推进全社会参与、实现环境共治的角度进行初步探讨。

策划兼主持：张国兴　河北省生态环境宣传教育中心副主任，《河北环境保护》执行主编

张国兴：前些年我曾牵头搞过一个研究，叫“生态文明视域下的环保公众参与体系构建研究”，包括现状、体系框架和政策设计等，算是为环保公众参与问题进行了一次初步、系统的梳理，对当时环保公众参与的开展还是有一定的借鉴指导意义。但随着形势的发展，特别是党的十八届、十九届全会，提出治理能力现代化，提出完善社会治理，我感到课题研究的站位与当前形势的发展已不相适应，简言之，环保公众参与呼唤升级版。

三位嘉宾在社会研究、生态环保领域造诣颇深，实践丰富，也有非常独立的思考，很想听一听各位的见解。

嘉宾：牟永福　河北省委党校公共管理教研部副主任，河北省社会学与社会发展研究会执行秘书长

牟永福：我想强调一点，这里有一个从社会管理到社会治理的变化过程。1992 年，党的十四大报告中提出“各级政府要注重履行社会管理和公共服务的职能”，这是在党的正式文件中第一次提出社会管理，这之后一直沿用“社会管理”这个词；中共十八届三中全会有了新的提法，当时的表述是“创新社会治理体制”，首次将社会管理调整为社会治理的表述；到了党的十九大，又进一步提出共建、共治、共享的社会治理格局。从管理到治理，一字之差，内涵大为不同，所以说从这个历史的脉络来看，我们对社会治理的认识和理解是不断升华和发展的。

嘉宾：李春元　廊坊市生态环境局副局长，中国知名环保作家、环境评论员

李春元：从 2013 年 11 月中共十八届三中全会首次提出国家治理体系和治理能力现代化，到 2017 年 10 月十九大报告进一步提出完善社会治理机制，再到 2021 年 3 月“十四五”规划深度加强和创新社会治理一整套举措。短短 7 年多的时间内，伴随各级政府对社会治理体系和治理能力的深度思考和理论认知及实践能力的提升，生态环境保护领域的社会治理体系和治理能力的现代化水平，政府、社会组织和公众共同参战能力也都有了十分明显的跃升。

嘉宾：梁跃民　河北科技大学互联网治理与发展研究中心主任，河北省政协参政议政专家库特聘专家

梁跃民：2019 年 10 月 28 日至 31 日召开的中共十九届四中全会，对推进治理体系和治理能力现代化若干重大问题进行了专题研究，并通过了相关决议。在这次会议上，对社会治理这个概念做了一个界定：社会治理是国家治理的重要方面，要坚持完善党委领导、政府负责、民主协商、社会协同、公众参与、法治保障、科技支撑，概况为这 7 个方面形成的一种治理体系。这样一个概念，从这个角度出发，我觉得生态环境的社会治理是整个社会治理的一个组成部分。

张国兴：刚才牟主任谈了从社会管理到社会治理的转变历程，春元局长和梁主任实际上是从两个维度谈了环保领域的社会治理问题：一个是从环保角度，另一个是从社会治理角度，都聚焦于环境社会治理这个核心话题。

我感觉，“环境社会治理”这个词，是环境治理和社会治理的有机结合体，是两大领域两个圆的交叠部分，有环境治理的成分在内，也有社会治理的成分在内，一个是环境治理体系中有关社会要素的总和，另一个是社会治理体系中有关环境要素的总和。我们今天的话题，可以考虑主要聚焦于前者，也兼顾后者。简言之，就是主要讨论如何通过社会共治的思路，引领环保事业向纵深发展。

梁跃民：赞同这个提议。话题太大，不容易谈透。讲到通过社会共治，引领环保事业向纵深发展，我想到了以前提的一个词，叫“环保公众参与”。

按照认识问题的哲学方法划分，可以分为自发阶段和自觉阶段。我认为，环保公众参与，本质上更多的是处于自发阶段，即环境问题来了，大家觉得这个事跟我有关系，一种本能的、自发的反应，这个阶段叫公众参与。而环境社会治理，本质上更多的是进入自觉阶段。在环境社会治理阶段也有公众参与，但是这个公众参与和原来的公众参与，形同而质异。我觉得从原来的公众参与到社会治理下的公众参与，公众本身也要升级，它应该是逐渐形成一种绿色、低碳、环境友好型的全新生活方式。

牟永福：中共十九届四中全会后，2020 年，中央办公厅、国务院办公厅印发了《关于构建现代环境治理体系的指导意见》，这应该是国家治理体系和治理能力现代化被提出之后，第一个专业领域的专项指导意见。该意见指出，要构建党委领导、政府主导、企业主体、社会组织和公众共同参与的现代环境治理体系，我们今天谈的“环境社会治理”，应该是这4个方面中的一个，而且与党的十九大提出的政府主导、企业主体、社会组织和公众共同参与相比，第一次强调了党委领导，这也是一种深化。

李春元：《关于构建现代环境治理体系的指导意见》的确是一份非常有指导意义的文件，在这个文件中，有两种提法看似不太一致其实又是很严密的。怎么讲呢？一方面从主体角度分为了五大块，即牟教授刚才说的构建党委领导、政府主导、企业主体、社会组织和公众共同参与；另一方面又从机制上分为了七大体系，即到2025年，建立健全环境治理的领导责任体系、企业责任体系、全民行动体系、监管体系、市场体系、信用体系、法律法规政策体系。今天我们谈论的环境社会治理，按主体划分显然属于社会组织和公众共同参与的内容，但是，从机制上讲，主要属于全民行动体系，但我想其中的市场体系也有部分内容。

以廊坊市为例，2016年，廊坊市在实施气代煤、电代煤工程中，涉及廊坊市100万户，花了多少钱呢？投入了100多亿元。面对全市百万户“双代工程”所需的数以百亿元的资金缺口，市、县两级政府都无能为力。但通过国营和私营社会企业的参与，资金缺口很快迎刃而解，使工程顺利实施，推促廊坊市空气质量根本改善。这种情况如果从根本上说，实际是政府把过去大包大揽的治理工程，通过第三方服务方式放到了社会企业，从而有力地开发了社会力量参与环保治理。

张国兴：春元局长谈的“双代”工程的解决，也可以说是环境社会治理的一个鲜活的事例。从系统论的观点考虑，推动环境社会治理，可能要涉及一系列的组合拳。因为社会治理，主力虽然在社会，但根本上还是要靠党委的领导、政府的推动。大家认为从政府层面可以拿出什么具体的政策工具？

李春元：环境社会治理，与之前的环保公众参与相比，应伴随时代的发展和生态文明建设的迫切需要而向更高层次、更高质量、更高标准的方向跃进。

一是从思想上，要冲破传统观念上的部门意识。不能把公众参与看作一般的事情，不是可有可无的，也不是环保“独门独院”一家来做的，更不是做好做赖一个样。要形成政府为主体的导向思维，形成政府多部门、社会多元化方向，形成联动态势、共同尽责格局。如果我们还像过去一样，把公众参与仅仅作为政府实施社会治理的一般性动员、一般性号召、低循环实施，而不是把它升级到政府治理的核心层面来认识，那么我们在工作部署上就不会突破低级循环的怪圈。

二是从机构上，可以考虑设立专门机构。伴随新时代的新情况、新发展、新需求，从国家到地方，很多不适宜时代需求的政府机构，有的已经“摘牌”，有的重新转化了职能，同时也诞生了一些新的机构。但目前围绕提升环境社会治理的专门机构还是一项空白。我认为可以在省、市、县三级生态环境委员会的“招牌”下设立一个专门的分支机构来抓这件事情，并将其办公室挂靠在各级政府的环保部门开展工作。

三是从机制上，应区别责任、规范责任。省、市、县三级相关机构应根据不同层面，明确相应职能。省一级应注重政策研究和制度设计，按国家统一部署提出地方落实相关工作的“路线图”；市一级应着眼区域实际，细化相关工作部署要求，拿出切实可行的工作举措，通过督导、考评和奖惩机制落实，推进政府治理职能的具体化落实；县一级和省市一级的相关部门要成为环境社会治理各项举措具体落实的推动者和实践者，要通过具体细化落实各种机制、开展各项具体活动，把环境社会治理渗透落地。

牟永福：如果机构建立了，下一步就是需要出台一整套政策来推进。这个“路线图”，我倒是认为能够以国家层面出台《中国环境社会治理行动计划》最好，也就是全国性的“路线图”，因为省一级层面自己搞自己的“路线图”，有些方面可能会出现制度障碍。

具体来讲，一是开展基础调查研究。进行公民生态环境意识调查，了解公民环保行为基本情况和特征。二是加强顶层制度设计。从关注生态环境、节约能源资源、践行绿色消费、选择低碳出行、分类投放垃圾、减少污染产生、呵护自然生态、参加环保实践、参与监督举报、共建美丽中国等方面对公民生态环境行为进行规范和引导。三是引导和培育环保社会组织。建立环保社会组织数据库，加强与有关部门的协调会商机制，推动各地环保、民政部门重视对环保社会组织的引导与互动。启动环保社会组织公益项目小额资助活动，建立环保 NGO 联盟，不断完善环保社会组织管理。

国务院 2020 年出台了一项政策，要求各级政府在重大决策出台之前，必须有专家的参与，专家要出审查报告。我们河北省正在起草落实意见，例如，涉及环保，需要环保方面的专家拿出报告，没有报告，政策就不能出台，这也是从智库角度提升环境社会治理的一个方式。

梁跃民：我认为提高治理主体的治理能力是一个必经之路。现在我们国家已经进入大数据时代，充分挖掘大数据，是事半功倍的有效举措。

各个治理主体，包括环境社会治理的各个主体之间，如公民、社会组织之间，也包括环境硬件治理的各个主体之间，以及各个关键环节之间，都要大力提升数字化水平，按照大系统、大平台、大数据的要求，统一规划、统一标准、统一建设、统一运维，并做到数据、人员、技术、资金和管理的科学集中和科学分布，实现跨地区、跨部门、跨行业、跨层级的数据交换和共享，应用互联网、大数据、云计算、人工智能等现代信息技术，促进生态环境预警、监管与处置即时化、精准化、智能化，实现环保智慧治理。

张国兴：在环境社会治理中，民间组织是不容回避的，这是推进环境社会治理一个很大的主体。在我国，环保民间组织比较复杂，大致可以分为 4 类：一是由政府部门发起、成立的环保民间组织，如中华环保联合会、中华环保基金会、中国环境文化促进会，各地环境科学学会、环保产业协会、野生动物保护协会等；二是由民间自发组成的环保民间组织，如自然之友、地球村、以非营利方式从事环保活动的其他民间机构等；三是学生环保社团及其联合体，包括学校内部的环保社团、多个学校环保社团联合体等；四是国际环保民间组织驻华机构。大家怎么评论当下环保民间组织的现状？

牟永福：从大的方向来讲，我们要构建一个小政府、大社会，这是未来的趋势。从这个角度来讲，我们还要尽量培育环保组织，所谓“人无头不走，鸟无头不飞”，要推动环境社会治理，政府肯定是主导，但落实还是要依靠民间形成一股力量，一种绿色理念、绿色生活的潮流。包括涉及环保的纠纷，从我国一些地方的实践来看，环保民间组织作为第三方，能够作为一个调解员。所以关键是怎么处理好政府和民间组织的关系，怎么规范引导民间组织。一句话，既要积极发展，又要有序发展。

李春元：近年来，伴随大气、水、土污染防治攻坚战的强力实施和媒体的广泛宣传，全民的环保意识和参与环保社会治理的积极性空前高涨，环保社会组织大量增加，各类环保监督和参与活动更加广泛和充实。这些社会环保组织的出现，不仅有力地推促各级政府形成治理污染的政治自觉和民意自觉，也对环保社会治理起到了强有力的支撑、监督和促进作用。应该说民间环保组织在环保社会治理上功不可没，应该在新时代继续发挥其重要作用。但是，我们也发现，当前环保社会组织在参与环保治理中也存在一些问题。如参与能力不够强，不够守法，甚至打着环保组织和环保监督者旗号，借民生之“声”、喊为民口号、牟取不正当利益，获不义之财，这些现象，败坏了环保社会组织的声誉和形象。面对这些不良音符和问题，我们应该怎样看待和解决呢？

我认为，看待一个新生事物，如果没有高度，那你看到的一定全是问题，看问题若没有深度，拿鸡毛蒜皮的小事去否定它，不能客观看待、冷静对待，就会因噎废食。因此，我们要充分认识社会环保组织参与环保社会治理仍处于不够成熟这一现实。解决上述问题，一是要适时开展专项打击活动，常态化净化社会环保组织肌体，向违法违规行为说“不”；二是要发动民间环保组织相互监督，及时发现、举报不良行为，确保环保民间组织良性参与社会治理各项行动；三是政府有关部门要强化对社会环保组织从资质认定、事中事后监管等各个环节全流程落实动态管理，确保这个组织肌体健康。

梁跃民：环保组织起源于西方，我们算是引进吧。在发展过程当中，应该发挥过一些非常好的作用。但是现在看来，我觉得有一个问题需要引起重视。前面已经谈到了《关于构建现代环境治理体系的指导意见》那份文件，其中在治理机制上提到了 7 个方面，我认为这是一个系统，是具有中国特色的这样一套管理系统，既有党委、政府领导，又有社会各界参与，还有监督、信用、法律等，其中，环保社会组织一定要纳入这个治理体系来发挥作用，不能游离于这个体系之外另搞一套。

张国兴：围绕环境社会治理的战略和政策，大家从不同角度谈得很深、很透，对下一步工作的推进有很好的借鉴意义。任何事情如果能上升到哲学高度来认识和统筹，可能会是一种飞跃。大家谈了这么多，能否剖析一下，我们的环境社会治理，应当遵循什么样的核心导向或者核心原则？

牟永福：从大的方面讲，一是坚持党的领导。我们现在讲环境社会治理，也是在党的领导下的社会治理，我们真正地实现社会治理现代化可能还有很长的一段路要走。二是多方共治。为进一步优化我国环境治理体系，推动环境治理能力现代化，提升生态环境治理成效，在环境治理中引入新思维与新理念，以克服政府、市场和社会单一主体的治理缺陷，打造基于政府、市场和社会力量共同参与、分工协作的多元共治模式，形成一个融合多元治理主体、倡导共建共治共享的新型共同体，是当务之急。三是依法治理，在此就不展开说了。

李春元："十四五"规划已经明确指出，发挥群团组织和社会组织在社会治理中的作用，畅通和规范市场主体、新社会阶层、社会工作者和志愿者等参与社会治理的途径。推动社会治理重心向基层下移，向基层放权赋能，加强城乡社区治理和服务体系建设，减轻基层特别是村级组织负担，加强基层社会治理队伍建设，构建网格化管理、精细化服务、信息化支撑、开放共享的基层管理服务平台。我认为，这是国家在充分总结中共十九届三中全会以来，我们探索和施行社会治理体系和社会治理能力现代化进程中有益经验之后提出的"十四五"新目标、新战略、新理念。我感到，这不仅是实现全社会治理体制、治理能力向更高质量、更有效率、更加公平、更可持续、更为安全的发展方向走出的坚实一步，也是我们推进环保社会治理，建立新机制，提升新能力所必须遵循的核心导向、基本原则和工作思路。接下来，最关键的是需要我们基层政府在实践中，结合环保社会治理的特点、特征和特性，去具体抓好落实。

梁跃民：我们这也是务实务虚相结合，我从哲学层面谈谈。西方心理学做过一个实验，一屋子小孩分成两组，在孩子面前放上糖果，并告诉他们说，如果你坚持一小时之后再去吃这个糖果，可以给你加倍。这些孩子就出现了分化，有的马上拿起来吃了就走了，有的就等一小时之后再去吃，得到了双倍糖果。追踪这些孩子 10 年、20 年、50 年之后的经历发现，凡是坚持延迟满足等了一小时之后得到双倍糖果的孩子，在各行各业都成了一个成功者。那些立马就要满足自己的孩子，最后都是平平常常的人。这就是西方著名的心理学实验，叫"延迟满足"。为了达到更好的目标，我抑制自己当前的这种需求。

我们的环境保护是不是也和这个东西有点类似？从这个角度上讲，我觉得环保问题，应该坚持两个原则。一是从时间纵轴上要坚持可持续发展至上，这是现代文明的一个支点。另一个支点是空间轴上的共同利益优先。我觉得环境社会治理角度，也应该把这两个原则鲜明地写在自己的旗帜上。我一直说，中国目前是走在了人类未来的下一个阶段，下一个文明形态创造和萌芽的前沿了，我们不仅要实现伟大复兴，还要为人类的未来创造一个新的文明。资本主义搞的工业化文明，六七百年历史，两次世界大战，100次经济危机，非洲丧失1亿劳动力，美洲丧失1亿居民，10亿人口实现现代化，剩下的60亿人怎么实现现代化？必须找新的道路了。这个新的道路就是一种新的文明，环保是这种新文明的一个重要组成方面，或者是核心方面。

29

臭氧污染防治要强化科学治污、精准治污

刊于 2021 年 7 月 14 日《中国环境报》3 版头条

高温的夏季已然来临，也迎来了臭氧污染防控的重要时段。2020 年以来，京津冀及周边地区通过强力落实系列治理举措，曾在“十三五”期间逐年加重的臭氧污染开始呈现减轻趋势。据媒体报道，2021 年上半年，河北省 11 个地级市因臭氧污染损失的优良天明显减少，臭氧污染程度大幅减轻。

向臭氧污染要更多的优良天，力争在夏秋季不因臭氧污染出现重污染天气，是各地落实“十四五”大气环境质量改善目标共同追求的目标方向。近年来，生态环境部相继出台了大气污染防治相关政策举措、技术指南，各地也有一些成功实践和做法。

笔者通过总结和分析发现，要在臭氧污染防治工作上接续发力，从根本上改变因臭氧污染损失优良天的被动局面，需要解决目前一些地方仍然存在的工作举措单一、精准防控措施落实不够到位、运用政策激励机制不够灵活等问题，在政策机制、管理机制、奖惩机制上综合施策。

针对臭氧污染易在高温、干燥、静稳气象条件下形成的机制，对排放臭氧污染前体物 VOCs 和氮氧化物的企业，在夏秋季高温时段实施错时生产，是近年多地已采取的成功防控举措。在此基础上，笔者建议应采取更加科学、精准的错时生产管控措施计划。例如，在春夏之交和夏秋之交的相对低温时段，错时生产可缩短一些；而盛夏相对高温时段，错时生产可延长一些。

借鉴秋冬季重污染天气对企业实施的绩效分级管控措施，在夏季臭氧高发时段，对 VOCs 和氮氧化物排放企业和车辆持续落实“多排多限、少排少限、不排不限”举措。在预判将有极端高温天气来临、可能产生臭氧重污染发生时，对臭氧污染前体物排放重点企业和重型车辆及非道路移动机械实施更加严格的调控举措。这样既有利于调动企业治污的积极性，也有利于臭氧防控实际举措的真正落实。

源头治理是减少 VOCs 和氮氧化物排放、减轻臭氧污染程度的根本举措。各种治理技术设施更新日新月异，甚至有的地方在推动臭氧污染源头治理过程中，出现了年年让

企业更新治理设施这种不科学、不合理的情况。对此，建议对所有 VOCs 和氮氧化物排放企业和车辆治理底数进行建档立案，跟踪完善“一企一策”，“有什么问题就解决什么问题，哪个环节有污染问题就重点治理哪个环节”。对症下药，尽量减少企业重复投资、浪费型投资，引导企业走上良性、有序治理轨道。

在监管执法方面，要对治理设施低端、管理水平低、有污染久拖不治或不正常使用治理设施，甚至公然造假的企业实施常态化严厉执法检查，严厉打击各种违法排污行为。同时，要对深度治理达标、在绩效评级中被评为 A 级的守法企业，落实“不停产、不限产、少检查、不打扰”优待政策，坚决杜绝执法检查“一刀切”。

此外，要有效利用中央和地方对企业污染治理实施资金奖励的优待政策机制。对率先治理、深度治理、守法经营的企业，在奖励资金申报、奖励资金额度上实施奖补政策。激励更多企业有污早治、快治、深治，持续推进高质量发展。对治理设施低端、管理水平低下、依法治污不到位的企业，少奖励或不奖励。切实做到奖先、奖优、不奖污，引领各层次企业走向积极防控污染的良性发展之路。

30

关注问题　体察入微

——碳达峰、碳中和宣传会代表发言

刊于 2021 年 7 月 20 日《中国环境报》3 版

回顾 10 多年担任《中国环境报》特约评论员的经历，我深感受益良多。

首先感谢这张报纸，感谢理论评论部的关心、培养和帮助。我和众多评论员都深切感受到中国环境报把“观点”这个版办成了推进生态环境问题整改的舆论中心，把特约评论员群办成了一个环境问题信息交流研讨中心，把理论评论部办成了一个特约评论员成长培训中心，把这张报纸办成了联系基层生态环境队伍和为民办实事的服务中心。

通过这几个中心，我不仅提升了写作能力，而且提升了分析问题、观察问题、认识问题和解决实际工作中问题的能力。我不仅学会了站位本单位基层实际看待问题的本领，而且提升了站位全局提出问题、看待现实、看待社会问题的本领，也学会了把责任与情怀融为一体、把洞察与动笔融为一体，有了积极为生态环境保护事业做贡献的自觉与担当。

习近平总书记在“七一”讲话中指出，新时代的中国，更需要使命在肩、奋斗有我的精神。作为中国环境报社的特约评论员，我深感责任重大，使命在肩。

未来，我要深入学习践行习近平生态文明思想，按照报社宣传报道的要求，分析总结污染防治攻坚战的经验做法，扎实解决基层生态环境问题，充分利用中国环境报这个阵地，努力学习舆论宣传理论方法，在实践中研究关注当下环境问题，切实增强一名评论员的责任感，把身临其境的实践感知变成有利推动绿色发展的思想认知，下功夫写出更多、更好的新闻评论，努力当好一名优秀的特约评论员。

31

污染减排仍然有很大空间

刊于2021年7月28日《中国环境报》3版头条

随着深入打好蓝天保卫战的持续推进，京津冀及其周边地区空气质量实现了历史性、突破性好转。如何确保完成2021年度乃至“十四五”目标任务？在笔者近日参加的一次大气污染治理研讨会上，有人认为，目前减排空间已经收窄。还有人提出，能不能从考核机制上给已率先接近空气质量达标的城市“松松绑”，让这些地方“等一等”“松口气”？

那么，当前大气污染治理减排空间到底是不是收窄了？

笔者通过分析认为，减排空间收窄只是表象而非真相。通过前几年扎扎实实的攻坚过程，京津冀地区瞄准污染“大头”，在产业结构上，通过产业转型，减少了一大批“两高”污染企业。在能源结构上，通过“双代”工程，大量减轻了燃煤污染。在交通结构上，通过对重型货车污染治理、推动新能源车辆替代等，有力减轻了机动车尾气污染。但是，以重化工为主的产业结构、以煤为主的能源结构和以公路货车为主的运输结构还没有根本改变。与此同时，很多地方一些传统产业集群污染治理不达标问题、高密度聚集在城镇的餐饮油烟问题和干洗、汽修、印刷、车用油品、喷涂等无组织排放等问题仍然大量存在，有的还没有得到实质性治理。甚至还有一些企业，在治理设施和监测数据方面依然存在造假现象。

事实说明，污染总量大幅度下降了，但减排空间并没有收窄。“十四五”时期生态环境进入深度治理的新阶段，提出了新目标、新要求，减排仍然有较大空间。表面上看，重污染天数在大量减少，以$PM_{2.5}$和臭氧污染为代表的主要污染物浓度逐年下降，但是在极端不利气象条件下，污染天气仍会频繁出现，且在很大程度上呈现出不可控、很难控的特点，这些都在警示我们大气治理减排仍然任重道远。

我们必须清醒认识当前面临的形势，切不可把“变少”理解为“收窄”。特别是率先接近空气质量达标城市，更要谨防“等一等”“松口气”思想，不能把一手好牌打烂。

“十三五”期间全国各地持续打好打赢蓝天保卫战的成功经验告诉我们，方向不变、力度不减是“十四五”时期深入打好大气污染防治攻坚战必须坚持和遵循的准则。

一些地方之所以出现“等一等”“松口气”思想，是因为对减排形势存在认识偏差，在成绩面前产生了自满情绪，同时，也在一定程度上反映出协同治污大局意识的缺乏。

每个城市的产业结构、历史污染状况、治理的难度和成果不相同。只有真正树立治污“一盘棋”的全局观念和协同作战的责任意识，才能取得“十四五”时期深入打好大气污染防治攻坚战的决定性胜利。否则，总是算小账、要小聪明，就会动摇深入打好污染防治攻坚战的决心，影响区域乃至全国大气污染治理目标的实现。

当前，我们已经踏上了实现第二个百年奋斗目标的新征程。面对“十四五”时期实现空气质量持续好转、基本消除重污染天气的新要求，必须发扬顽强拼搏、不懈奋斗、敢于同污染问题斗争、敢于在斗争中争取胜利的时代精神，克服阻力，化解矛盾，向着广大人民群众热切期盼的、更加美好的生态环境目标不懈奋斗。

接续“十三五”，深入打好“十四五”时期大气污染防治攻坚战，完成空气质量持续改善各项目标任务，不是敲锣打鼓就能实现的。关键要看是否真正把减排压力变成接续奋斗的动力；是否做到了以积极的态度迎接挑战和考验；是否真正做到了迎着奋斗目标，找准突破点，奋力攻坚克难。

要着眼现实存在的空气质量改善水平还不够高、工作成效还不够稳、污染治理涉及领域还不够宽、治理范围还不够广等问题，以时不我待的精神状态，深度谋划、彻底解决阻碍深入打好大气污染防治攻坚战的各类问题。进一步强化多污染物协同控制和区域协同治理，以细颗粒物和臭氧协同控制为抓手和主线，牢固树立综合治理、源头治理、系统治理新理念，切实把大气治理纳入碳达峰、碳中和的大布局、“大盘子”。落实精准治理、科学治理、依法治理，特别是在极端不利气象条件下，在真正落实好“五个精准”要求上动脑筋、想办法、出举措，把坚决打击环评、监测和污染治理设施造假与提升企业自我管理能力和环境执法实战能力纳入大气治理的工作视野。

要正确认知当前减排幅度变小、减排空间拓宽背景下面临的新情况、新问题、新挑战，牢固树立接续奋斗必将胜利的坚定信心。唯有深挖综合治理之源、深求源头治理之效、深谋系统治理之策，扑下身子苦干实干，才能推动“十四五”时期深入打好大气污染防治攻坚战各项目标任务的圆满完成。

32

制定客观科学的大气质量考核机制

刊于 2021 年 8 月 6 日《中国环境报》3 版
载于 2021 年 8 月 5 日中国环境 App，
题为《“气象影响型”阶段大气质量考核怎样更客观更科学？》

当前，我国大气环境质量还处于“气象影响型”阶段。虽然不是“气象决定型”，但气象条件对大气质量的阶段影响也不能小看或在考核中忽略不计。因此，很多地方在大气污染防治考核工作中面临同样一个问题，即如何科学制定“气象影响型”背景下的大气考核机制？

从落实“大气十条”到蓝天保卫战取得优异战果，再到“十四五”深入打好大气污染防治攻坚战，大气污染防治战场出现了许多新情况、新变化、新问题。这期间，各地党委、政府为推进工作，制定并实施了考核、约谈、问责机制，不仅有效调动了各地的治污积极性，而且有力地推动了相关污染问题的整改。考核机制在大气污染防治攻坚过程中发挥了重要作用，必须长期坚持。但同时也要看到，有的地方一直沿用过去的考核机制，但现在已经明显不合时宜，在一定程度上影响了一些地方的治污积极性。

某地近日根据气象条件制定修改了大气污染防治的考核规定，凸显科学精准考核理念，经验值得借鉴。某地政府近日表示，对在 2021 年二三月极端不利气象条件背景下，导致阶段性空气质量出现恶化、$PM_{2.5}$ 污染指数同比不降反升和优良天大量减少的多数县级单位，不再按照原定的空气质量考核办法予以追责问责。但对个别确因应急响应工作失利、污染老底依然很“厚实”而导致上半年没有完成目标任务的县级单位，仍按照考核办法，进行约谈追责。同时决定，举一反三，修订现行空气质量年度和月度考核办法，充分考虑气象因素影响，客观设定约谈、问责和免约谈、问责条款，最大限度调动和保护基层治污攻坚的积极性。

笔者认为，应借鉴这一经验，及时修订不合时宜的考核条款，着眼新情况、新问题，让考核机制更好地为完成“十四五”目标服务。

“十四五”时期的空气质量改善目标任务已经明确，无论气象条件出现什么样的困难和问题，都应坚定信心，朝着预定目标奋斗。围绕这个目标要谋划、设计具有激励、鞭策作用的考核机制。一旦有个别区域出现不能完成目标任务的问题，气象影响将不能成为理由。通过加强考核、约谈和问责，激励各地在“十四五”期间，持续做到“方向不变、力度不减”。遇有气象条件有利的好年头，要做到扎实治污不骄傲；遇有气象条件不利的差年头，也要坚定信心不气馁。

根据“气象影响型”的特点，每个年度都应客观分析气象条件情况，既要科学精准制定防控举措，也要科学精准制定考核规则。大气污染考核机制不能定一次管多年，一成不变。特别是针对秋冬季 $PM_{2.5}$ 污染的月度考核和针对夏季高温时段的月度臭氧污染考核，更要充分考虑气象影响的不确定性，要精准施“考”、精准问责追责，不可把一个地方、一个城市、一个区域确因极端不利气象条件所出现的阶段性空气质量变差问题，统统归属到“人不努力”上来。要立足完成年度和“十四五”总体目标，精准把握考核原则和约谈问责情形，防止不问青红皂白地通报、批评、约谈、问责，最大限度保护各方面的治污积极性。同时，对确因工作不力导致的问题，也绝不能姑息迁就。

建立考核问责机制的目的，与追求空气质量持续改善目标、完成“十四五”时期各项攻坚任务目标是一致的。“十四五”期间，要从根本上克服不利气象条件对空气质量的影响，实现基本消除重污染天气和空气质量持续改善的目标任务，必须按照统一部署，下大力做好源头减污降碳这篇治本大文章。要充分认清以重化工为主的产业结构、以煤为主的能源结构和以公路货车为主的运输结构，仍然是当前大气污染治理的主要矛盾这个现实。各地在制定考核、约谈、问责机制时，一定要盯住这些重点污染问题去施策。充分运用考核和约谈问责机制，逼着产业转型慢、污染治理不到位、攻坚信心仍有欠缺的城市和区域，加快推进源头治理、深度治理、系统治理。

33

消除误解，让“两个清单”持续发力

刊于 2021 年 8 月 20 日《中国环境报》3 版

2021 年秋冬季重点行业绩效分级和应急减排清单修订工作正在各地展开。多家在秋冬季被列入重点行业绩效分级 A 级、B 级的企业，因在夏季发生偷排偷放和不执行臭氧防控应急举措等违法行为，被有关部门依规直接降为 C 级。

这些被降级的企业，有的是因为对政策理解出现了偏差，以为秋冬季的绩效分级只适用于一时，在夏季出现污染问题不会对所定级别产生影响；有的是以为，秋冬季的应急减排措施，只是在秋冬季启动重污染天气应急响应时适用，在夏季臭氧防控中，可以不受减排清单的约束。

为什么会产生上述误解？在 $PM_{2.5}$ 与臭氧协同防控的背景下，除了有一些企业私欲作祟、故意装糊涂，确实还有一些企业对精准治污存在认识上的误区，在行动上存有滞怠，在管理上存有漏洞。因此笔者认为，基层政府和相关部门应积极作为，避免出现此类问题，让“两个清单”持续发力。

首先，要再次明确 $PM_{2.5}$ 与臭氧协同控制的科学内涵。$PM_{2.5}$ 与臭氧协同控制，是科学总结多年大气污染防治经验，面对“十四五”深入打好大气污染防治攻坚战所提出的攻关举措。“十三五”末期，伴随各地强力落实 $PM_{2.5}$ 污染防治攻坚举措，多发生在秋冬季的 $PM_{2.5}$ 污染大幅度减轻。但是，夏季的臭氧污染在多地呈现多发、频发、高发态势。作为 $PM_{2.5}$ 和臭氧复合污染的前体物，VOCs 和氮氧化物无疑成为深度攻坚的重点。几年来，国家紧盯 39 个重点行业排放大户，针对秋冬季极易形成重污染过程的气象条件，提出了实施重点行业绩效分级和应急减排清单落实举措，明确了多排多限、少排少限、不排不限等差异化管控抓手，成效十分明显。

近两年来，针对夏季臭氧污染出现的新情况、新问题，各地按照生态环境部的统一部署，借鉴秋冬季应急管控经验，在夏季也积极开展了相应的应急管控举措，使臭氧污染出现大幅减轻势头。实践证明，冬季高发的 $PM_{2.5}$ 污染与夏季多发的臭氧污染，污染物来源主体基本一致。国家提出 $PM_{2.5}$ 与臭氧协同控制新举措，针对性十分明显，有效性日益彰显。这一举措的提出，不仅明确表达了科学治污的丰富内涵，而且是有效推进精准治理的方针大计。不仅彰显了“十四五”大气污染治理协同控制的科学要求，而且有力避免了冬季、夏季大气治理存在工作“两张皮”的弊端。对大气污染物综合治理、系统治理、深度治理起到了深刻的引领作用。

其次，要让企业明白“两个清单”为什么不仅适用于秋冬季，也要在夏季管控中加以应用。近两年，各地落实 $PM_{2.5}$ 与臭氧协同控制举措，着眼把“两个清单”编准、搞实，在实践中总结出了很多新办法、好经验。一些地方明确提出，借助秋冬季“两个清单”成果，在夏季臭氧污染易发、多发阶段，通过发布臭氧污染预警，施行与秋冬季应急减排同要求、同标准、同优待、同奖惩的臭氧污染防控差异化管控举措。不仅有效利用了“一企一策”“一厂一策”“一行一策”“一市一策”的资源，而且有力实现了问题精准、时间精准、区位精准、对象精准和措施精准的常态化落实。推动了“两个清单”编制的科学性、完整性、针对性、有效性，有力调动企业一个清单守到底、深度治理不歇脚的工作积极性。例如，前些年，由于缺乏相关经验，一些地方只重视秋冬季“两个清单”的落实，夏季精准管控不够到位，导致因臭氧污染损失的优良天明显较多。着眼 $PM_{2.5}$ 与臭氧协同控制所需，强力实施“两个清单”一体化编制、差异化推进、精准化落实新举措，可以推动实现全年环境空气质量改善的目标。

最后，要明确守法没有时间段，若违法排污，到最后吃亏的还是自己。实施“两个清单”，既是手段也是约束。一些已进入 A 级、B 级的企业被依规清出优待名单，主要原因还是对国家强力治污的大势缺乏足够认识，对深度治理、精准管控政策缺乏正面理解。因此，要通过送政策、送法律、送技术、送“明白纸”等多种宣传和帮扶手段，让企业切实从思想上认清守法没有时间段、“两个清单”不能断档的道理。在国家和地方出台新政策、新举措、新要求时，要第一时间传达到企业，避免企业一知半解。而通过依法治理、深度治理、精准治理，已达到 A 级、B 级的企业，也要十分珍惜来之不易的成果，时刻做到守法经营、依规办事、按相关标准要求抓好常态化管理。切不可把法规当儿戏，更不能因贪图一时一事的小便宜而因小失大，给精准治污带来不良后果，给企业形象带来负面影响。各地在编制和落实“两个清单”时，也要按照不动摇、不松劲、不开口子的原则，公平评判、科学安排、统筹部署，最大限度地维护法规和政策的尊严，维护企业合法利益，在公平公正的氛围中真正享受到 $PM_{2.5}$ 与臭氧协同防控的实际减污成果。

34

为什么重度污染在今年又卷土重来？怎样做到知己知彼、有备而战？

载于 2021 年 11 月 1 日中国环境 App

刊于 2021 年 11 月 12 日《中国环境报》，题为《如何看待秋冬之交这次重度污染？》

自 2021 年 10 月下旬以来，京津冀及周边地区受不利气象条件因素影响，持续出现重污染过程，多地形成日空气质量指数重度污染情况，让一些近年在 10 月没有出现过重度污染日的城市产生了极大困惑。为什么重度污染在今年又旧病复发、卷土重来？重度污染为什么在重工业偏轻、排放总量并不高的城市也会出现？为什么在一些区域相邻城市污染指数相差巨大？

笔者身处大气污染防治工作一线，对当前大气污染防治战场所出现的新情况、新问题、新困惑，有以下思考。

在“气象影响型”背景下，深入打好大气污染防治攻坚战，必须面对现实，适情施策，绝不能在重污染天气应急管控上固守老路、松懈麻痹。“十三五”期间，京津冀及周边地区经过强力攻坚，污染总量实现整体大幅下降，但区域和城市之间治理成效仍有明显差距。一些相对治理较好城市，在秋冬之交阶段，已经连续 3 年以上没有出现过重度污染。在这种情况下，相关城市在防控工作上不同程度出现了“秋凉”现象，对可能形成的重污染失去警惕。回顾自 10 月下旬以来多个城市出现重污染的问题不难看到，由于一些城市对 2021 年秋季雨多量大、湿度增强，可能形成雾大难消、不利于污染物扩散、有利于污染物积累的气象条件，事先分析研判不足，在 10 月下旬由南向北产生重污染过程之初，京津冀及晋鲁豫几十个城市，没有一个城市启动应急响应。最终导致大部分城市出现重度污染过程、一些城市出现重度污染日。由此可见，在“气象影响型”背景下，时常会出现一些不规律、不确定气象因素。深入打好大气污染防治攻坚战，必须遵循守正创新原则，时刻绷紧“向应急防控要优良天”这根弦。要坚持综合精准分析每个年度、每个阶段、每个污染过程的气象条件和污染总量影响，科学预判、精准减排、超前部署，并及时采取相应的应急管控举措，绝不能抱着老皇历应对新情况，更不能有任何松懈麻痹思想；否则，污染临头、困惑缠身，必为时晚矣。

在“气象影响型”背景下，深入打好大气污染防治攻坚战，必须知己知彼、有备而战，绝不能固门自守、打糊涂仗。在2021年10月下旬这轮重污染应对过程中，雾起鲁豫一些城市，污染借南风和西南风向北推进。而京津冀一些城市，特别是一些污染排放总量偏低城市，片面认为自家的污染总量不高，而对可能到来的过路源对自身的污染影响估计不足。甚至京津冀有的城市，在所采取的应对举措，也只是建立在知己而不知周边城市污染状况之上的软举措，最终导致污染叠加，形成重污染后果。而一些紧邻重污染的城市，由于防控举措得当，收获了邻重我轻的成果。由此可见，每个城市，特别是污染排放总量偏轻的城市，在应对每轮重污染过程中都应在精准分析本地污染源可能形成污染结果的前提之下，还要全面了解、精准分析周边城市可能带来的污染影响，客观求是地制定好本地防控的“大盘子”，做到知己知彼、有备而战；否则对污染传输的底数不清、情况不明也会给精准防控带来负面效应。

在“气象影响型”背景下，深入打好大气污染防治攻坚战，必须协同作战、联手防控，绝不能各行其是、等待观望。自10月下旬以来的这轮重污染过程，明显呈南来北往、南北夹击、风向多变、气象古怪特点，导致一些城市在不利气象影响之下污染物在城市空间盘旋打转、昼走夜返，杀“回马枪”现象。同时，在应急应对过程中，一些城市没有及时启动相应级别的应急响应，而是相互观望，最终导致上游积污成患，下游雪上加霜，污染团南北交错，京津冀及晋鲁豫多数城市一起吃亏后果。其实，类似于本轮重污染过程所出现的情况，在2021年春节期间已有先例。在2021年年初出现的几轮重污染过程中，由于一些排放总量过高城市传输影响，导致北京和张家口等靠自身排放总量根本就形不成重污染的城市，也未能幸免重污染日临头。由此可见，在“气象影响型”背景下，深入打好大气污染防治攻坚战，必须牢固树立协同作战、联手防控思想。当预判大区域可能形成大范围重污染天气过程时，从省际层面，应相互沟通情况，联手会商及时强力调度，形成协同防控的大格局。要针对排放总量多少，实施差异化管控措施，要求污染排放总量较高的城市率先提前其他城市采取更高级别的应急管控措施，从污染大户上减轻源头排放，避免应急响应“一刀切”，以此激发高排放城市强化治理攻坚。直接决策是否启动应急响应的市级层面，在国省发布重污染天气预警后，要站位区域协同防控大局，及时研判、及时响应，与周边城市一道联手防控、谋求实效，切不可等待观望或打区域“小算盘”，更不能故意降低应急响应启动级别。要通过法规约束、政策引领、约谈问责鞭策等多手段，引导各地牢固树立政治意识、大局观念，不断激发治污动力和牢固树立为“十四五”国家大气污染防治目标实现做贡献思想，切实做到咬定目标，脚踏实地，埋头苦干，久久为功，协同求效。

35

VOCs 治理要从生产全流程抓起

刊于 2021 年 8 月 9 日《中国环境报》3 版

近年来，臭氧污染已成为影响大气环境质量改善的难题。作为臭氧形成的主要前体物之一，VOCs 污染治理是“十四五”$PM_{2.5}$和臭氧协同控制的重要课题。VOCs 污染治理难在哪里、根在何处？笔者在大气环境污染治理工作实践中认识到，VOCs 治理主要难在企业的低端治理设施难更新，基层的管理难到位，技术保障力量难落实。

源头替代不足。源头减排是 VOCs 减排的根本性途径。在源头替代上，一些地方已把原辅材料替代纳入 VOCs 治理整体方案，也出台了一些相应措施。但由于缺乏对原辅材料替代的刚性标准和要求，加之企业受成本核算和客户要求等方面的影响，源头替代成效并不明显。部分企业原辅材料采购、使用等台账资料不健全，涉 VOCs 含量不清；部分企业无法提供所用原材料的检测报告，不能明确所用涉 VOCs 原辅材料中 VOCs 的准确含量。

过程管控不严，无组织排放问题依然突出。挥发性有机物排放源中有很大一部分为无组织排放源，将各类无组织排放 VOCs 废气采取收集措施进行有效收集并经过末端治理后有组织地排放，是 VOCs 减排的重要方式。但从实际情况来看，部分企业因为管理不到位造成无组织排放和逸散的问题较为普遍。比如，门窗不密闭，液态 VOCs 物料存储、转移、装卸过程不密闭，废气收集管道破裂、损坏等。此类问题几乎占到发现问题的 30%以上。

治理设施低端，末端治理效率不高。大多数企业在选择治理技术时优先考虑的是一次性投入成本，并没有根据自身排放的废气组分、浓度、价值等特点选择最优的治理措施，未考虑到治理效果、二次污染及后续的追加投入等问题，导致废气去除率低下的技术被大量采用，治理设施建设质量良莠不齐，未匹配正确合理的处理技术，光催化、光氧化、活性炭吸附、低温等离子等低效技术使用占比大，治理效果差。

例如，有些企业使用的活性炭吸附治理设备，虽然前期投资低，但实际运维成本高，管理难，技术适用性受多方面因素影响，难以持续稳定达标。活性炭吸附饱和后的后续处理也比较困难，极易造成二次污染。再如，部分企业采用光催化氧化治污设备，不但在降解 VOCs 过程中受催化材料、粉尘、反应时间、湿度、废气浓度影响很大，而且 VOCs 的光催化氧化反应还会产生酮、醛、臭氧等中间产物，对环境造成二次污染。

基层管理和企业一线技术力量薄弱。一些地方和企业相关人员缺乏专业的治理知识，治理能力偏弱。对企业的污染排放特点、产污环节、治理效果底数不清，缺乏发现问题、识别问题、解决问题的能力。有的企业硬件设施上去了，但技术力量没跟上，对治理设施建设情况，如工艺类型、处理能力、运行时间、运行参数、耗材或药剂更换情况等，不了解、不掌握、不清楚。致使治理设施运行不规范、周期性维护不到位、投入与产出不成正比。还有一些企业对环境污染问题缺乏认识，既存在不懂不会的问题，也存在不用心、不精心的问题，致使小问题造成大污染，直接影响治理效果。

笔者认为，VOCs 治理是一项系统性工程，既需要从源头上减少 VOCs 使用量和排放量，也需要在生产过程中有效控制，做好废气有效收集，减少 VOCs 泄漏和无组织排放，还需要末端治理实现达标排放，三者相互联系、互为补充、缺一不可。只有做到源头减量、过程严管、末端无害，环环相扣，形成闭环，系统治理才能达到预期目标。

第一，做好 VOCs 溯源工作。强化对涉 VOCs 企业的调研和摸排工作，准确掌握包括原辅材料、排污节点，污染治理设施、排放检测、现场问题在内的涉 VOCs 排放源清单，并根据企业现状，从不同角度、不同尺度个性化定制 VOCs 管控方案。

第二，按“可替尽替、应代尽代”的原则，扎实推进源头替代。进一步明确重点行业源头替代的标准及刚性要求，完善源头替代的激励性和约束性机制，深入推进 VOCs 削减替代，推进低 VOCs 含量、低反应活性原辅料和产品替代，从源头上进行控制，降低 VOCs 排放量。

第三，加强企业废气收集，做到应收尽收。坚持分类收集，依据废弃物污染种类、产污环节 VOCs 浓度高低，科学合理分类收集和处理。同时，进一步严格对含 VOCs 物料储存、转移和输送，设备与管线组件泄漏，敞开液面逸散以及工艺过程等排放源的监管。通过采取设备与场所密闭、工业改进、废气有效收集等措施，削减 VOCs 无组织排放。

第四，加强治理设施的运行管理，应治尽治。一方面，鼓励企业依据废气的浓度、组分、风量、温度、湿度、压力及生产工况合力选择治理技术和组合工艺，对现有单一的治污设施进行提升改造，推进建设适宜高效的治污设施。另一方面，通过一线帮扶、技术培训、信息服务等方式加强对治理技术人员的培训，实现治理技术与企业需求对接、科技人员与基层一线联动，赋予企业污染治理“自我造血”功能，实现人与设备的最佳结合，形成持续治理能力。

36

第三方服务要守德、守矩、守法

刊于 2021 年 8 月 18 日《中国环境报》3 版

近年来，政府购买服务已经成为政府职能转变的重要组成部分，第三方服务发展迅速。第三方服务机构本应以优质、专业的服务为生态环境改善提供技术支撑，但一些机构却参与造假，沦为不法企业的帮凶。笔者认为，第三方服务机构要实现健康发展，必须从根子上弄清“为谁服务？靠什么发展？”的问题，真正做到守德、守矩、守法。

要守德。近年来，作为环境污染第三方治理的主要载体，环境服务业快速发展，市场规模不断扩大，专业方向已涵盖环境影响评价、污染治理、设施运行维护、环境监测与污染检测、环境认证与符合性评定、咨询培训、生态环境修复等众多领域，在污染治理与生态修复中发挥了重要作用。但也有一些第三方服务机构盲目追求经济利益，变治污为“护污”。

此次通报的案例中，一些第三方服务机构既有参与篡改、伪造监测数据的问题，也有知情不报的问题；既有个人行为，也有企业行为。虽然行为方式、手段不同，但都是以损害生态环境为代价换取私利，有悖初心，既是失信，也是失德。第三方服务机构理应自觉牢固树立初心意识，本着对国家负责、对社会负责、对公众负责的态度和情怀，守信践诺，开展工作。

要守矩。从案例中涉及的第三方服务机构参与篡改、伪造监测数据的动机看，有的为了拉业务，一味迎合和迁就委托方，甚至违背科学良知和职业道德，罔顾事实和法律法规，不惜弄虚作假。有的与委托方恶意串通，编造虚假材料，帮助排污企业逃避责任，与排污企业同流合污。环境污染第三方治理是推进环境建设和运营专业化、产业化的重要途径，是促进环境服务业、环保产业发展的有效措施。但如果第三方服务机构用其专业背景协助相关单位逃避环境监管，主观危害非常大。第三方服务既要体现专业性，更要保持独立性。第三方服务提供方与服务接受方共同在契约的框架内活动，应排除各种干扰，抵制各种不良“授意”“暗示”和压力。对于第三方服务机构而言，宁可少做一单业务，也不迁就企业的违法要求；宁可经济利益受损，也绝不越雷池半步。

要守法。2014 年修订的《中华人民共和国环境保护法》明确了连带责任，2015 年修订的《中华人民共和国大气污染防治法》规定了行政处罚，2016 年通过的《最高人民法院　最高人民检察院关于办理环境污染刑事案件适用法律若干问题的解释》（法释〔2016〕29 号）明确了刑事责任以及有关配套规定。随着第三方服务的发展，各地也陆续出台了一些关于生态环境第三方服务机构监督管理的办法和措施，对第三方服务机构的行为规范和约束更加明确和严格。这也向第三方环保服务机构传递出明晰的信号：弄虚作假者必将被严惩重罚。第三方服务机构更要强化自律意识和法律意识，依法行事。与此同时，还要敢于斗争，坚决抵制恶意违法和恶意竞争行为，净化市场生态，维护第三方服务的形象和声誉。

“守”就是一种坚持。第三方服务机构要做大做强，只有守住德，重视品牌和诚信，才能站稳脚跟；只有守住矩，坚守“不做企业污染行为帮凶”的底线，才能有序发展；守住法，依法治污减排，不投机取巧，才能走得更远。

37

VOCs 治理要通过精细化管理提升成效

刊于 2021 年 11 月 16 日《中国环境报》3 版

2021 年上半年，全国臭氧浓度为 138 μg/m^3，同比下降了 2.1%。笔者发现，在气象条件相近的情况下，京津冀及周边地区“2+26”城市臭氧污染改善程度各异，有 5 个城市臭氧平均浓度出现同比不降反升的情况。通过对多个城市的企业进行调研发现，近年来，各地不断加大治理力度，实施科学化差异化管控，企业污染治理水平不断提升，但很多涉 VOCs 排放企业在污染治理过程中因活性炭更换不及时、门窗不密闭、含 VOCs 物料容器未密闭、使用劣质油品等管理不精细、操作不规范造成的一些小漏洞，导致积大为患，影响了整体治理效果。

笔者认为，VOCs 治理必须关注细节，排查隐患。通过精细化管理，提升治理成效。

从处理原理上看，活性炭吸附装置是通过活性炭的自然吸附能力吸附 VOCs，当吸附饱和后，活性炭吸附再生或交给专业危险废物公司处理。但在实际应用过程中发现，一些企业活性炭实际使用情况与设计不符，使用量过少，甚至炭箱内没有活性炭。还有一些企业存在活性炭设施过于简陋，活性炭更换不及时，有的几乎不换炭，加上温度、工作环境湿度、水雾、酸度、灰尘等因素影响，使活性炭活性丧失，导致活性炭吸附在实际除污应用过程中的除污效率大打折扣。因此，在活性炭的使用上，既要保证合理的使用量，也要做好日常的运维更换，始终保持其活性，以达到理想的吸附净化效果。

劣质油品多由化工原料和正规油品按比例调配而成，杂质超标，有害物质含量高。使用这些劣质油品后会大量增加 VOCs、NO_x 和颗粒物的排放量，污染大气环境。因此，应大力加强宣传和引导，充分利用各种媒体和渠道，大力宣传成品油质量升级和大气污染防治工作。同时进一步强化成品油市场监管体系建设，大力开展联合监管与执法，加大对加油站油品质量监督检查的力度。严厉打击非法生产和销售不合格油品行为，建立完整的成品油执法体系、检测体系、质量监督检查体系。

从现实情况上看，部分企业因为管理不到位造成无组织排放的问题较为普遍。有的企业门窗不密闭，液态 VOCs 物料存储、转移、装卸过程中不密闭；有的企业废弃收集管道破裂、损坏；有的企业未能科学规划设计废气收集系统，甚至有个别企业以安全生产为由，有组织地开窗通风，造成废气无组织扩散。前期不能做到有效收集，末端治理就无从谈起。因此，储存、转移和输送含 VOCs 物料时，要严格场地密闭，严格工艺过程排放及敞开液面逸散的监管，同时依据废气污染种类、产污环节、VOCs 浓度高低进行合理分类收集，让无组织排放有序加入组织，做到应收尽收。

目前，有的企业对 VOCs 产生的基础认识不足，在选择治理技术时往往考虑的是一次性投入成本。没有根据自身排放的废气组分、浓度、价值等特点选择最佳的治理方法，造成 VOCs 得不到有效治理，环保资源白白浪费。有的企业 VOCs 废弃收集系统未与生产工艺设备同步运行，有的企业未按规定建立台账，记录废气收集系统 VOCs 处理设施的主要运行和维护信息。有的企业尽管上了一些好的治理设备，但由于技术力量没跟上，对治理设施的工艺类型、处理能力、运行时间、运行参数、耗材或药剂更换情况不了解、不掌握，不能对设施进行有效维护，投入产出不成正比。还有的企业为了节省成本，不进行稳定正常的运行维护，处理设备没有发挥正常的处理作用，甚至成了一种摆设，直接影响治理效果。因此，提高人员技术水平、优化设备管理方法，确保设备在其生命周期内实现资产价值的最大化和运作效能的最优化尤为迫切。一方面，要加强废气治污设施的规范化管理和运行，不断提升设备工艺质量，推进建设高效治污设施。另一方面，要加强对治污技术人员的培训，通过一线帮扶、技术指导、信息服务等各种方式，提高企业人员的管理操作水平，实现人与设备的最佳结合，从而提升治理能力。

38

车少人少　为何臭氧污染不见少？

刊于 2022 年 5 月 13 日《中国环境报》3 版

2022 年以来，我国新冠肺炎疫情多点散发。不少人认为，疫情期间，路上车辆减少，空气质量应该大幅度变好。果真如此吗？单就臭氧浓度来说，从数据上看并没有进入下降通道。而且，2022 年很多城市臭氧首个超标天出现的时间还有所提前。

笔者认为，除了不利气象条件的影响、臭氧污染形势的复杂性和耦合性，污染物排放量仍然较高是主要原因。由此可见，疫情之下做好臭氧污染防控，需要更加精准。

疫情期间，部分城市车流量减少、餐饮单位暂停营业、很多企业停工停产，污染物排放量大幅下降，于是一些地方对污染治理产生了松懈心理。受不利气象条件的影响，一些地方不仅臭氧浓度上升，PM_{10}和 $PM_{2.5}$也同比上升。

当前，企业保护生态环境、推动绿色发展的意识虽有增强，但仍然不够。一些地方和企业相关人员缺乏专业知识，治理能力偏弱。对企业的污染排放特点、产污环节、治理效果底数不清，缺乏发现问题、识别问题、解决问题的能力。有的企业硬件设施上去了，但技术力量没跟上，对治理设施建设情况如工艺类型、处理能力、运行时间、运行参数等，不了解、不掌握，致使治理设施运行不规范，周期性维护不到位，投入与产出不成正比。还有一些企业对环境污染问题缺乏认识，既存在不懂、不会的问题，也存在不用心、不精心的问题，致使小问题造成大污染，直接影响治污效果。

因此，要强化帮扶，推动企业扛起污染治理的主体责任。一方面，通过一线帮扶、技术培训、信息服务等方式，加强对技术人员的培训，实现治理技术与企业需求对接、科技人员与基层一线联动，赋予企业污染治理“自我造血”的功能，形成持续治理能力。另一方面，针对诸如活性炭吸附法中脱附管理难易二次污染、低温等离子体技术中生成副产物和大量臭氧会拉弧引燃 VOCs 等处理工艺特点，要结合行业排放特点和企业个性特点，有针对性地进行帮扶指导，实施“一厂一策”“一企一策”“一行一策”“一园一策”，切实把减排措施定准。

疫情期间，大规模现场检查的执法行动势必减少，应根据实际情况，及时调整巡查工作的重点。例如，巡查人员不进入工地、企业，而是使用无人机等设备辅助巡查，确保在巡查的同时减少疫情传播风险。充分利用信息化监管平台，运用高空瞭望、在线监测、电量监控及热电网格预警等科技手段开展非现场、精细化监管，既解决违法排污问题，又减少现场检查次数。开展清单式执法检查，对排污单位的不同情况进行不同程度的检查。

例如，一些排污单位生产工艺较为复杂，存在台账收集不完整、废气收集率及治理设施去除率偏低、危险废物贮存场所设置不规范等问题。在现场执法时间短、任务重的背景下，开展清单式执法可以进一步突出重点区域、重点行业、重点问题，让执法监管更具针对性和操作性，为夏季臭氧污染防控发挥重要作用。

39

蓝天保卫战仍须接力攻坚再出发

刊于 2022 年 1 月 3 日《中国环境报》3 版头条

刊于 2022 年 1 月 5 日《廊坊日报》2 版，

题为《保持定力向未来　接续攻坚再出发》

“十四五”开局之年，京津冀及周边地区大气污染防治重点城市，强力贯彻落实国家统一部署，接续“十三五”良好基础，深入打好大气污染防治攻坚战，以更加优异的战果走出坚实新步伐，刷新大气环境质量迎考新数据，为圆满完成“十四五”空气质量改善目标奠定了坚实基础。欣喜之余，面对新年度大气污染防治新考验，笔者认为，在充分看到“十四五”开局之年大气污染防治取得良好战果的同时，必须冷静分析和正视现实存在的一些制约高标准完成“十四五”攻坚目标的问题和不足，以敢破敢立、守正创新精神，激励斗志、突破“瓶颈”、接续攻坚。

大气环境质量持续改善势不可当，但定力不足问题仍须严防。借助前 8 年落实“大气十条”和打赢蓝天保卫战战果，2021 年全国大气污染防治攻坚战场，以坚决打好“十四五”开局之年攻坚战为动力，瞄准开好局、起好步、奠好基，以精准、科学、依法为理念，强力实施 $PM_{2.5}$ 与臭氧协同控制、减污降碳与大气污染防治协同实施、协同迎战重污染天气攻坚战，推促年度大气环境质量取得新突破、新业绩、新战果。以京津冀晋鲁豫陕 7 省市的 67 个参战城市为例，“十四五”开局之年，绝大多数城市实现了污染综合指数大幅度下降、优良天数大幅度增加、重污染天数大幅度减少，成果显而易见。笔者通过对上述 67 个城市空气质量改善和深度治理工作业绩情况综合分析也发现，尽管大气环境质量改善势头十分向好，但部分城市仍存在改善水平不够高、监测数据造假时有发生等问题。特别是在协同应对重污染天气过程中，一些城市还存在为保一时经济指标而应急滞后、执行应急管控措施不力等问题。这些问题归结到一点，就是治污攻坚的战略定力还有待强化，侥幸、松懈、麻痹的思想还有待深度扭转。因此，新年度深入打好大气污染防治攻坚战，各地仍须深刻学习落实和践行习近平生态文明思想，牢固树立生态优先、绿色发展、持续用力、久久为功思想理念，切实做到治污不松劲、减排不动摇、协同不留力，为全面落实《中共中央 国务院关于深入打好污染防治攻坚战的意见》要求，切实提升生态环境质量和水平做贡献。

普遍改善形成气候，但治污差距仍待拉小。笔者通过对京、津、冀、晋、鲁、豫、陕7省（市）的67个参战城市2021年与2020年的空气质量改善情况比较分析发现，有34个城市的空气质量综合污染指数同比实现10%以上的大幅减轻，有28个城市的$PM_{2.5}$浓度同比实现15%以上的大幅减降，有27个城市的优良天数同比实现10天以上增加，有10个城市重污染天数同比实现30%以上大幅减少。但笔者同时也发现，在这67个城市中，有30%左右的城市，空气质量污染综合指数仍高于达标城市25%～40%，相互差距明显较大，改善程度明显不一。河北省有3个城市退出了全国168个城市空气质量排名倒排前十，而河南省、山西省分别有1个城市，陕西省有2个城市进入了全国168个城市空气质量排名倒排前十。

协同应急更加紧密，但差异化管控仍须强化。在生态环境部和京、津、冀、晋、鲁、豫、陕7省（市）统一指挥、相互协调之下，2021年，大气污染防治协同作战彰显战力，成效甚丰。特别是在应对多轮重污染过程中，各地着眼协同防控大局，主动起应急、控污染、减总量，形成了良好工作格局。但通过笔者对67个城市启动重污染天气应急响应的情况分析，这些城市启动的应急响应级别基本相同，时间点差异也不大。笔者认为，这种做法不太符合"精准、科学、依法"治理原则。在新年度工作中，各地应按照生态环境部确定的差异化管控理念，借鉴在重污染天气对企业实施的分级管理的差异化管控经验，在实施重污染天气应急管控过程中，对排污总量状况不同的城市，实施应急分级管理。对污染排放总量较大、最容易形成重污染团的城市，在启动应急响应时，要明确要求其时间更提前、确定的应急响应级别更高。这样不仅有利于控制污染团的形成，而且有利于推促重污染城市加快治理，防止应急响应"一刀切"，从而更加体现社会公平，推促协同治理、协同防控走上良性轨道。

"两高"上马严格受限，但"两高"下马仍须加快。精准、科学分析2021年京、津、冀、晋、鲁、豫、陕7个省（市）的67个城市量化减排数据和优良天数增加、重污染天数减少情况，笔者看到，凡是优良天数增加量较少、重污染天数依然较多、减排总量变化幅度不大的城市，多是钢铁围城、重化围城、城中有钢、城中有煤。这样的城市，不仅平时的排放量就决定了空气质量不会比周边城市好，而且在形成重污染的过程中，多是发挥负能量。2021年，国家和各地强力严控"两高"项目新上马，对持续稳定保持治理成果必将起到长久效能。但是，一些城市"两高"下马和深度治理力度仍显虚弱。大气污染治理多年成功经验告诉我们，不从根本上解决污染源头的问题，空气质量改善就不会从根本上得到好转，整体成效也不会稳定。在实际工作中，一些重污染城市，把减排控污的着眼点，片面集力在应对不利气象条件时停产管控上，以暂停代长治，对加快“两高”下马这个直接牵动空气质量根本改善、稳定改善、真正改善的“牛鼻子”工程却没有真抓实做，喊声大、动作小，长此下去，不仅本地空气质量难以完成“十四五”攻坚目标，同时，还会波及和影响其他城市。对此，相关城市应站位大局，全面提升生态环境质量和水平，以刮骨疗毒、壮士断腕的勇气，尽快改变不利现状。

40

冬奥会“北京蓝”的三个好经验值得借鉴

刊于 2022 年 2 月 23 日《中国环境报》3 版头条

载于 2022 年 2 月 23 日中国环境 App

在 2022 年 2 月 18 日召开的美丽中国·绿色冬奥专场新闻发布会上，生态环境部大气环境司相关负责人指出，“北京蓝”之所以成为冬奥会亮丽底色，得到国际国内社会的一致好评，主要得益于“人努力”和“天帮忙”。笔者认为，总结“北京蓝”好的经验和做法，对于做好“十四五”大气污染防治工作有着重要的借鉴作用。

一是改善大气环境质量的根本之策在于切实治理污染源。资料显示，2021 年，京津冀区域 $PM_{2.5}$ 平均浓度比 2013 年下降了 63%，重度及以上污染天数减少了 88%；北京市 $PM_{2.5}$ 浓度从 89.5 $\mu g/m^3$ 下降到 33 $\mu g/m^3$，重度及以上污染天数从 58 天减少到 8 天。取得如此显著的治污成效，与源头治理策略是密不可分的。自 2013 年以来，《大气污染防治行动计划》《打赢蓝天保卫战三年行动计划》相继实施，将京津冀及周边地区作为国家大气污染防治重点区域，持续开展秋冬季大气污染综合治理攻坚行动。加快推进区域产业、能源、运输结构调整之下的一系列去产能、去燃煤工作，从源头治理大气污染。正是当初这些“人努力”为北京冬奥会期间的“北京蓝”奠定了坚实基础。

当前，大气污染防治形势仍然严峻，如逆水行舟不进则退。部分地区重污染天气仍时有发生。“十四五”时期，仍须以刮骨疗毒的勇气和决心，抓住“两高”污染这个重点，精准治理传统产业污染，以咬定青山不放松的劲头，持续发力。

二是实施联防联控也是此次冬奥会期间蓝天常在的重要原因。多年来，京津冀及周边地区探索实施大气污染联防联控模式，资源共享，责任共担，相互支持。每年定期召开会议，部署区域协同治理。同时，根据不同地区问题，采取不同的治理举措。措施精准到具体企业、具体工艺、具体设备和具体车辆，工业源和移动源污染大幅下降。广大人民群众也广泛参与减污降碳行动，使生活源污染大幅减轻。正是这些有力举措，使得京津冀及周边地区大气环境质量持续改善。联防联控是京津冀及周边地区大气污染防治的成功经验之一，“十四五”期间要进一步扎实推进。

三是管控住时段性重污染源，有助于削弱极端不利气象条件对空气质量的影响。北京冬奥会正值春节期间。烟花爆竹集中燃放是以往京津冀及周边地区这个时段出现重度污染天气的重要原因之一。2022 年春节期间，北京及周边 8 省（区、市）严格实施烟花爆竹禁售禁燃禁放，广大群众积极支持、参与文明清新过节行动。相较往年，北京及周边城市空气质量显著改善。

由此可见，实现“十四五”基本消除重污染天气目标，要着眼削弱极端不利气象条件下时段性重污染源这一要务，有效防范和减轻重污染天气的形成。进一步巩固和展现大气污染防治综合成效，切实减轻时段性重污染天气对公众的影响，使广大人民群众有更多的蓝天获得感、幸福感、安全感。

总之，推动空气质量持续改善，让“北京蓝”“中国蓝”常在，需久久为功。应认真总结“十四五”大气污染防治精准防控、联防联控、重点管控等方面成功经验，发扬守正创新精神，高质量圆满完成“十四五”大气污染防治攻坚目标任务。

41

冬奥会“北京蓝”彰显大气防治厚绩真经

载于 2022 年 2 月 24 日《瞭望中国》新媒体、《瞭望·评论》

在 2022 年 2 月 18 日召开的美丽中国·绿色冬奥专场新闻发布会上，生态环境部大气环境司相关负责人指出，“北京蓝”之所以成为冬奥会亮丽底色，得到国际国内社会的一致好评，主要得益于“人努力”和“天帮忙”，对此，笔者感触颇深。笔者认为，总结“北京蓝”好的经验和做法，对于做好“十四五”大气污染防治工作有着重要的借鉴作用。

笔者注意到，在 2 月 4 日至 20 日，北京冬奥会 17 天的赛事期间，北京市的空气质量始终保持优良，紧围北京市的河北省 11 个地级市中，除两个市其间出现过 1～2 天的中度污染外，其他城市均以优良天为主。延伸观察京津冀及周边地区，在这一阶段出现重度污染的城市很少。笔者作为亲身参与京津冀大气污染治理 10 年的实战经历者，不仅对冬奥会“北京蓝”感触颇深，而且对下来如何借鉴冬奥会“北京蓝”好经验，推进高标准、高质量实现“十四五”国家和地方空气质量持续改善目标实现，引发以下几点思考。

一是改善大气环境质量的“根”和“本”，在于刮骨疗毒治污源。相关资料显示，2021 年，京津冀区域 $PM_{2.5}$ 平均浓度比 2013 年下降了 63%，重度及以上污染天数减少了 88%；北京市 $PM_{2.5}$ 浓度从 89.5 $\mu g/m^3$ 下降到 33 $\mu g/m^3$，重度及以上污染天数从 58 天减少到 8 天。在新闻发布会上，大气环境司相关负责人用自 2013 年以来，中国政府先后发布实施《大气污染防治行动计划》《打赢蓝天保卫战三年行动计划》将京津冀及周边地区作为国家大气污染防治重点区域，持续开展秋冬季大气污染综合治理攻坚行动，加快推进区域产业、能源、运输结构调整之下的一系列去产能、去燃煤，从源头治理大气污染的响当当、硬邦邦数据，论证了上述成果的由来。试想，没有当初这些“人努力”的厚功作基石，仅靠这一时段的“天帮忙”，也不会得来今天冬奥会受国内外称赞的“北京蓝”。但遗憾的是，这个从实战中得来的硬道理，在现实大气污染防治战场上，仍然没有被一些城市所领悟。同在蓝天下，同等的气象条件，为什么冬奥会期间北京的天那么蓝，而周边地区一些城市仍然出现了重污染？根由应该是不查自清，出路应该是痛下决心，切实应以刮骨疗伤的勇气和决心，抓住“两高”污染大头，精准治理传统产业污染源头，切实肃清污染巨头，以咬定青山不放松的劲头，持续发力，久久为功，尽快扭转被动局面。

二是联防联控的“根”和“本”，在于精管真控。回顾多年大气污染防治联防联控经验教训，特别是“十四五”开局一年多来京津冀及周边地区联防联控精管真控实效，业内人士多有这样的感触。过去，我们很多时候口头上喊着“精准治理”“精准管控”“联防联控”，但实际工作过程中，有的地方确实存在不会干、不愿干、不知怎么干的问题。北京冬奥会联防联控为何如此到位见效？首先是冬奥会之前几个月，生态环境部就会同北京、河北等 8 省（区、市）统筹赛事期间经济社会平稳运行、能源供给和人民群众温暖过冬，对部分污染重、排放量大、经济影响相对较小的企业和车辆采取了临时性管控，措施精准到具体企业、具体工艺、具体设备和具体车辆，使各地知道了防什么、治什么、控什么、管什么、干什么，由此使工业源和移动源大幅下降；其次是各地广大人民群众，把国家办冬奥会看成像自家办喜事一样主动尽责尽力，广泛参与减污降碳行动，使生活源大幅减轻；最后是冬奥会正值春节期间，部分企业放假停工，社会经济活动水平减弱，使污染源进一步大幅减量。由此可见，扎实落实联防联控必须广泛动员全社会力量，真心实意精管真控，切不可打糊涂仗，更不可打地方利益和个人利益的“小九九”。

三是削弱极端不利气象条件的“根”和“本”，在于把时段性重污染源管住控住。北京冬奥会期间，正值春节和元宵节。以往这个时段，也正是京津冀及周边地区烟花爆竹集中燃放的重点时刻。回顾 2021 年京津冀及周边地区多数城市在这个时段出现重度污染天气的情况，很多人记忆犹新地感叹，主要是燃放烟花爆竹惹的祸。这话一点儿也不假。2021 年春节期间，北京周边多数城市烟花爆竹禁燃禁放的要求和举措并没有得到真正落实。除夕、正月初一和元宵节期间，大量的烟花爆竹燃放，在不利于污染物扩散的气象条件怂恿之下，形成了大面积的严重污染，一些城市在这一时段甚至出现持续 2～3 天的重度污染。2022 年春节期间，尽管气象条件相对于 2021 年有所向好，但如果没有北京及周边 8 省（区、市）严格实施烟花爆竹禁售、禁燃、禁放，广大群众积极支持、参与文明清新过节行动，大量的烟花爆竹依旧燃放，北京市的 $PM_{2.5}$ 平均浓度绝不会有与 2021 年春节同期相比下降 80%以上的良好成果，周边城市也不会“清一色”转重变轻。由此可见，在现实“气象影响型”背景下的大气污染防治工作，要实现“十四五”基本消除重污染天气目标，一定要着眼削弱极端不利气象条件下时段性重污染源这一要务，有效防范和减轻重污染天气的形成，从而进一步巩固和展现大气污染防治综合成效，切实减轻时段性重污染天气对公众的伤害，使广大人民群众有更多的蓝天获得感、幸福感、安全感。

总之，推动空气质量持续改善，让“北京蓝”常在，让“中国蓝”常在，是一项持续发力、久久为功的民生大事，各地应认真总结“十四五”一年多来大气污染防治精准防控、联防联控、重点管控经验，发扬守正创新精神，认真思考一年多来的成功点在哪里，着眼未来，在冬奥之后防骄傲，在成功之后增斗志，为高质量圆满完成“十四五”大气污染防治攻坚目标任务，众志成城向未来。

42

切实完善“两小时削高值”工作机制

刊于2022年2月25日《中国环境报》3版

为了促使一些区域时常出现的污染高值问题得到及时、有效解决，一些地方出台了“两小时削高值”提醒、通报、考核工作办法。

当个别地方空气质量监测数据出现高于周边城市、乡镇、工业园区的情况时，上级主管部门会通过相关指挥平台及时向相关地方推送、指出高值污染因子和强度，并要求在两小时内反馈对相关污染高值现场的核实情况、产生污染高值的原因和所采取的削减高值的工作举措，督导高值问题尽快解决。同时，将各地反馈的高值削减工作情况，列为大气污染治理工作阶段或年度的一项讲评考核指标。

这一举措的实施，从大气污染防治指挥调度层面看，有利于逐级建立完善24小时值班值守机制。从污染问题整改层面看，有利于推进相关污染问题的及时发现、及时交办、及时核查、及时整改，推促生态环境管理实现常态化、精细化、闭环化。从应对不利气象条件的应急管控层面来看，迅速、及时削减部分区域污染高值，可有效减轻区域重污染团的形成，达到削峰减频目的。

应该说，“两小时削高值”工作机制，是精准开展大气污染治理工作的有效方法。但在个别地方却出现了不同的看法和声音。有的人认为，“两小时削高值”在很多情况之下难以百分百实现，通报甚至批评不太符合实际情况，有形式主义之嫌。

为什么在多数地方获得认可的“两小时削高值”工作机制，却在个别地方具体实施中出现杂音？笔者分析，原因有三：一是有的地方在落实“两小时削高值”机制中，强调必须在两小时内完成反馈情况。超一分钟也要通报批评，白天晚上一个样。对具体问题的处置过程、所需时间、实际情况缺乏周全考虑和充分理解。二是个别地方存在“眉毛胡子一把抓”、平常与应急一个样、问题轻与重一个样等现象。三是有的地方已经发现时间要求严苛可能引发在反馈情况中的弄虚作假现象，但仍没有及时修正相关工作机制。

笔者认为，实现“十四五”空气质量持续向高质量改善、基本消除重污染天气目标，需要充分认清精准治理的必要性和重要性。认清工作举措、机制、方法创新的重要意义。

做好调查研究，以守正创新的精神不断完善和修正各项改革举措、调度机制、工作方式，确保良好机制真正发挥作用。当前，健全完善“两小时削高值”工作机制可从以下方面着手。

根据污染问题轻重、白天晚上等不同情况，柔性确定反馈时间节点，给一线调查核实相关情况以充足的时间保障。充分考虑污染团始发地和被传输地不同情况，正确运用现代科学监测设备提供的数据依据，实事求是做出研判、通报、讲评和考核。

充分利用考核指挥棒，使率先达标地方充分享受到率先治污达标的优越性，增强“污染不从我这起、传输过来不增值”的工作积极性。让污染治理滞后的区域激发出更强烈的治污动能和活力，倒逼其加快污染治理步伐。如遇持续连日的不利气象条件，不能两小时削减高值，要积极应对，及时安排好下一轮污染过程的防控。彰显机制公平、考核公平。

在落实“两小时削高值”等相关精准治理机制过程中，要大力弘扬实事求是的工作作风。要通盘考量不同意见和看法，认真研究、积极采纳，不断完善工作机制和工作办法，推进“十四五”时期大气污染防治攻坚目标高质量全面完成。

43

乡镇大气污染治理跟不上城市节奏，原因何在？

刊于2022年3月10日《中国环境报》3版

近日，生态环境部秋冬季大气污染防治调度会议通报了京津冀及周边地区10个县（区）部分乡镇多发频发污染高值问题。从通报的情况分析，污染高值多发频发乡镇，多是工业园区较集中区域、传统产业聚集区域和清洁能源替代不够到位、燃煤较重乡镇。

京津冀及周边地区大气污染防治已开展近10年，为什么还会有部分乡镇出现污染高值？为什么城乡空气质量差距仍不小？笔者调研发现，原因主要有以下几个方面。

一是在大气污染防治工作中，一些地方重城轻乡的倾向还没有得到根本扭转。大气污染防治已开展多年，一些地方高度重视市县城区空气质量改善，对乡镇（村街）层面的污染治理重视程度不够。这导致乡镇层面的大气污染治理步伐没有跟上城市空气质量改善的节拍。虽然近两年伴随区域协同防治的要求，很多地方乡镇空气质量得到了很大改善，但乡镇环境污染问题并没有得到根本解决。

二是在考核奖惩中，对乡镇压力传导不够到位的问题依然存在。按照大气污染防治相关法规要求，乡镇级政府对改善当地大气环境质量负有不可推卸的主体责任。但查看很多乡镇政府的会议纪要，很少见到有按照法规要求研究大气污染防治工作的记录。很多地方都制定了乡镇大气污染防治考核办法，但在实际工作中，个别地方考核奖惩条文并未落实。由于考核奖惩办法的不落实、软落实，导致一些乡镇污染问题始终得不到有效解决。

三是一些乡镇对传统产业污染治理“心有余而力不足”。一些乡镇传统产业体量庞大，甚至存在很多历史遗留的土地使用、环评审批等问题。个别乡镇企业由于存在历史遗留问题，治污缩手缩脚，担心随时可能被取缔，多花了治污“冤枉钱”。由此，给乡镇政府推进当地传统产业聚集区污染治理带来很大阻力。

四是责权不统一，导致乡镇难以承担治污责任。一些乡镇空气质量差，而污染却来自当地的一些工业园区。按照管理权限，园区的管理权一般在县级以上，乡镇既没有税收，也没有对园区的管理权，导致一些乡镇很难落实属地管理责任。

大气污染防治工作是一项需要持久发力、协同发力、久久为功的民生大业。城乡治理改善不同步、乡镇治污责任难落实、基层难题不解决，难以得到高质量的治理成果。做好此项工作必须城乡协同发力。

坚定走好大气污染防治城乡同步求效之路。大气污染防治已进入爬坡过坎关键阶段，完成“十四五”攻坚目标任务，必须清醒看到乡镇空气质量得不到良好改善，城市的改善成果就不会稳定。因此，必须坚定走实城乡同步治理之路。把治理机制、政策、资金和手段，向乡镇延伸、向基层延伸。让乡镇落实责任有抓手、有动力，推动城乡协同治理，实现“十四五”空气质量持续改善整体目标。

尽快解决乡镇传统产业合法权问题。很多乡镇现有的传统产业，由于种种原因，在实施新的排污许可证制度后，没有得到排污许可认可。这些企业在没被确认有排污合法权利的情形之下，不愿投入重金上设施、上设备治理污染。相关部门要设身处地为企业着想，尽快出台相关政策，根据企业实际情况，对企业进行分级分类处理。对于需要淘汰的落后产能，尽快淘汰。对于治污设施改造后可以发放排污许可证的企业，及时为其普及政策法规知识，帮助其尽快合法经营，让企业安心生产、依法治污。

依法落实乡镇政府对属地企业治污的管理责任。国家法规明确规定，要落实党政同责、属地管理的治污责任。各地在明确相关工业园区管理责任时，要依法明确属地乡镇政府对企业治污的管理责任，让污染企业治污主体责任缺失问题不再发生。

总之，城乡协同防治是确保“十四五”空气质量持续改善、实现基本消除重污染天气的必由之路。要弘扬守正创新精神，科学务实地完善相关政策法规，努力推进城乡环境综合治理进一步深度实现一体化。乡镇污染问题彻底改观，才能推动大气污染防治之路进一步走稳走实。

44

“冬奥蓝”频频亮相，空气质量保障工作顺利完成，秋冬季大气污染治理经验值得总结

载于 2022 年 3 月 10 日中国环境 App
刊于 2022 年 3 月 10 日《中国环境报》3 版，
题为《秋冬季大气污染治理经验值得总结》

2022 年，北京冬奥会、冬残奥会成功举办。赛事期间，北京市、张家口市的 $PM_{2.5}$ 平均浓度分别为 36 μg/m^3、22 μg/m^3。“冬奥蓝”“北京蓝”在各大媒体平台频频亮相，得到国际国内社会的一致好评。

冬奥会、冬残奥会期间的良好空气质量，充分体现了 2021 年秋冬季大气污染防治工作的成效。在减排空间日益变窄的背景下，取得这样的治理成效着实不易。笔者从基层的角度总结出以下经验：治污不放松、协同显威力、抓大不放小、精准出实效、有备而避患。

当前，污染减排空间收窄，一些地方易产生畏难厌战情绪和工作缩手缩脚问题。为此，“十四五”开局之年，生态环境部提出“不动摇、不松劲”，制定了包括大气污染防治在内的“一揽子”攻坚作战方案，引领基层污染防治走向守正创新、笃行致远之路。各地切实加大“两高”污染整治和三大结构优化调整力度，积极拓展和延伸减排空间，在实际工作中彰显了坚定信心、努力前行的良好风貌，为空气质量持续改善奠定了一定基础。

过去大区域应急响应不同步、协同防控不到位、联防联控不密切等问题时有发生。为破解这一难题，京津冀及周边地区 8 省（区、市）统一政策、统一行动，逐级建立重污染天气应对指挥部。在研判有区域性不利气象条件发生时，8 省（区、市）同时、同步、有序展开精准防控行动，有序开展各项管控工作，有力破解了“单打独斗打乱仗”“你干我看算小账”问题，有效增强了协同防控的凝聚力、战斗力。特别是在春节期间，8 省（区、市）协同开展烟花爆竹禁燃禁放，扭转了往年在这一时段多地、大面积出现重污染天的局面。

减排重点不清、防控目标不明和抓大放小、忽视高值削减，是以往一些地方在落实

精准管控工作中存在的主要问题之一。2021 年秋冬季到来前，生态环境部会同北京、河北等 8 省（区、市）统筹经济社会平稳运行、能源供给和人民群众温暖过冬，制定清单式管理措施。各地把各项减排措施细化到具体企业、具体工艺、具体设备和具体车辆，使各地知道防什么、治什么、控什么、管什么、干什么，由此使工业源和移动源污染大幅下降。充分发挥在线监测、走航监测和管控平台等的作用，及时发现、交办并督导污染高值区域做好污染高值削减工作，及时整改污染问题。采用“一竿子插到底”的工作模式，精准关注乡镇实时出现的污染，有力支撑了秋冬季大气治理工作开展。

大气污染防治工作开展多年，但在部分县、乡（镇）级层面，仍然存在对科学应对重污染天气方法不掌握、举措不得当等现实问题。2021 年秋冬季到来之前，部、省、市通过安排专项帮扶行动，逐县、乡开展污染源摸底，及时建立各项污染物排放清单，在整个秋冬季过程中，每逢将有重污染天气过程出现，及时组织开展专家会商，制定“一地一策”的污染管控措施，督导各地开展精确有效的各项管控行动。通过让县、乡两级政府和有关部门事先知道污染从何处来、污染程度有多重、管控工作从何处下手等，具体引导基层做好做实相关管控工作。

大气污染防治工作任重道远，须久久为功。京津冀及周边地区大气污染防治工作为高标准完成“十四五”目标任务打下坚实基础。在未来的大气污染防治战场上，要发扬守正创新、笃行致远的精神，积极研究新情况，探索新路径，不断满足人民群众对更高质量生态环境的追求和期盼。

45

“经典季”铺实大气污染精准治理破障新路

载于2022年4月14日《瞭望中国》新媒体、《瞭望·时评》

2022年的春季非同寻常。多地突发“奥密克戎”疫情，人们心中像压了块石头一样不痛快，在此背景下，京津冀及周边地区优良天数却大幅增加。瞭望蓝天，人们的获得感、幸福感、安全感与日俱增，顿添快感、大解疫压。

2021—2022年的大气污染防治工作，接续“十三五”，特别是“十四五”开局之年深入打好污染防治攻坚战之果，何以超乎寻常地取得了重污染天数大量减少，优良天数大幅度增加的喜人战果。用笔者亲身参与京津冀及周边地区大气污染防治近10年的经历与感受来概言，堪称深入打好大气污染防治攻坚战的“经典季”。

说其经典，主要体现是在多年奋战攻坚，减排空间日益变窄之下，竟取得了爬坡过坎、超乎寻常的突破性战果。概括其成功经验，笔者站位基层一线认为，精准出实效、协同显威力、抓大不放小、有备而避患、破障出新招、铺实治污路。

破畏难思想之“障”，坚定深入打好信心。减排空间收窄，是实现“十四五”空气质量持续改善、基本消除重污染天气目标实现的最大思想障碍。面对这一现实，一些地方产生畏难厌战情绪和工作缩手缩脚的问题。“十四五”开局之年，生态环境部坚定贯彻习近平生态文明思想，制定了包括大气污染防治在内的“一揽子”攻坚作战方案。提出了“精准治理、科学治理、依法治理”和“不动摇、不松劲”工作思路举措，引领基层污染防治走向“守正创新、笃行致远”之路。从“十四五”开局之年做起，各地切实加大“两高”污染整治和三大结构优化调整力度，加大数据造假和违法排污打击力度，积极拓展和延伸减排空间，从实际工作上彰显了坚定信心、破障前行的良好风貌，也为秋冬季空气质量持续改善奠定了一定基础。

破协同不畅之“障”，走实联防联控新路。在大气污染防治攻坚战场上，京津冀及周边地区协同防治、联防联控。过去始终存在大区域应急响应不同步、协同防控不到位、联防联控不密切、管控成效不明显等问题。为破解这一难题，在总结多年经验的基础上，生态环境部直接执剑上手，协调京津冀及周边地区8省（区、市），统一政策、统一行动，制定了 2021 年至 2022 年秋冬季重点时段大气污染防治联防联控工作方案，逐级建立重污染天气应对指挥部，在研判有区域性不利气象条件发生时，8 省（区、市）同时、同步、有序展开精准防控行动，有序开展各项管控工作，从而有力破解了“单打独斗打乱仗”“你干我看算小账”问题，有效增强了协同防控的凝聚力、战斗力。特别是在春节期间，8 省（区、市）协同开展烟花爆竹禁燃禁放，一举扭转了往年在这一时段多地、大面积出现重污染天的局面，用实战成果彰显出联防联控的威力。

破精准不准之“障”，在抓细抓实上用真功。减排重点不清、防控目标不明和抓大放小、忽视高值削减，是以往多地在落实精准管控工作中存在的主要问题。为破解精准不准之“障”，在 2021 年秋冬季，生态环境部指导各省（区、市）扎扎实实超前做好两项工作。一是精准制定企业减排控污方案。在秋冬季到来前，生态环境部就会同北京、河北等 8 省（区、市）统筹经济社会平稳运行、能源供给和人民群众温暖过冬，对部分污染重、排放量大、经济影响相对较小的企业和车辆采取了清单式管理措施，把各项减排措施，细化到具体企业、具体工艺、具体设备和具体车辆，使各地知道防什么、治什么、控什么、管什么、干什么，由此使工业源和移动源大幅下降。二是建立全时通报、控减污染高值工作机制。部、省、市三级，充分发挥在线监测、走航监测和管控平台等的作用，及时发现、及时交办并及时督导污染高值区域做好污染高值削减工作，及时整改污染问题。各级采用“一竿子插到底”的工作模式，直击乡镇污染问题。既高度关注“两高”污染大问题，又精准关注乡镇实时出现的污染源小问题，使精准管控实现了企业小时高值及时削，乡镇零星污染有人控。上下贯通、既精又准的大气污染管控新模式有力支撑了秋冬季工作的开展。

破有患无备之“障”，向科学防控求效能。大气污染防治工作开展多年，但时至今日，在部分县、乡（镇）级层面，仍然存在对科学应对重污染天气路数不清楚、方法不掌握、举措不得当等现实问题。由此导致一些地方在应对重污染过程时，有“患”不知防、用力不精准、成效不明显，甚至导致整体联防联控缺乏实效。2021—2022 年秋冬季到来之前，部、省、市通过安排专项帮扶行动，逐县、乡开展污染源摸底，及时建立各项污染物排放清单，在整个秋冬季过程中，每逢有重污染天气过程出现，部、省、市都及时组织开展专家会商、及时制定一地一策的污染管控措施，及时督导各地开展精确有效的各项管控行动。通过让县、乡两级政府和有关部门事先知道污染从何处来，积累从何时起，污染程度有多重，管控工作从何处下手，具体引导基层做好做实相关管控工作，通过有备防患、有备避患、有备止患，使基层重污染防控工作有序、有力开展，从而获得小区位、大区域科学防控新成效。

大气污染防治工作任重道远，久久为功。京津冀及周边地区在生态环境部统一谋划、统一协调、统一指挥下，探索走实的“经典季”治污新路，为高标准完成“十四五”目标任务展现了新境界。它启示我们，在未来大气污染防治战场上，无论遇到什么样的困难和屏障，都不能止步不前，要发扬守正创新、笃行致远的斗争精神，积极研究新情况，探索新路径，始终以不断满足人民对更高质量生态环境的追求和期盼为目标，通过不断创新方式方法，努力适应新形势、新挑战，努力开拓新视野、新思路，努力谋求新作为、新业绩。

46

建设全国统一大市场有利于治污攻坚

刊于2022年4月20日《中国环境报》3版

载于2022年4月20日中国环境App

深入打好污染防治攻坚战，实现空气质量持续好转，基本消除重污染天气，是“十四五”时期大气污染防治的既定目标。近年来，京津冀及周边地区的大气环境质量逐年改善，但产业结构不合理、传统产业污染治理不到位等问题在一些地方依然存在。

近日，国家提出建设“全国统一大市场”。有专家指出，“统一大市场”主要针对国家经济发展“全国大循环”，实现不同的资质优劣互补、全国调配。笔者认为，这一新理念一旦落实，不仅可以从根本上理顺高质量发展“一盘棋”，而且必将对从源头治理生态环境污染问题起到极大的保障作用。

笔者调研发现，在2021年至2022年的秋冬季，京津冀及周边地区大多数地方的空气质量优良天数都增加达10天以上，不少地方实现了没有重污染日。但是每逢气象条件不利，仍有一些地方出现污染指数突然“冒泡”、持续数日污染居高不下等问题。甚至一些地方形成的污染团随风飘动，直接导致下游一些城市污染加重。这样的情况在一些县城特别是在乡镇，尤其是传统产业相对集中的地方更为明显。

笔者分析，上述问题之所以存在，除了一些地方对产业结构转型与高质量发展关系认识不够到位、工作缩手缩脚，对如何运用新理念治理老污染问题也缺乏足够的认知和实践路径。

有的地方缺乏创新手段和规划。对现有的传统产业污染治理多是“就污染说污染”，缺乏立足“大格局”谋划高质量发展的“大构思”，导致污染治理只是在表面上小打小闹，拔不了病根。

有的地方缺乏求变的动力和眼界。对改变当前不合理的产业结构缺乏猛药治疴、刮骨疗毒、壮士断腕的勇气，紧盯的仍然是眼前利益。

有的地方缺乏依法监管的狠劲儿和力度。由于环境监管不力，导致环评造假、监测数据造假、污染治理设施造假问题长期存在，形成了很多事实上的隐性污染问题。

笔者认为，大气污染防治要借助建立“全国统一大市场”这一机遇，进一步强化和树立用新理念治理老污染的意识，认真解决好本地的污染“冒泡”问题。

要坚定治污信心和决心。认真梳理本地产业转型不到位、传统产业污染治理不到位等问题存在的根源。敢于揭露矛盾，敢于暴露问题，敢于痛失眼前利益。对揪住历史遗留的污染“尾巴”拿出长远和现实的科学治理布局和规划，融入大格局，持续施治，久久为功。

要树立系统治理、综合治理理念。落实园区化发展理念，把分散在城镇乡村的各类传统产业集中起来，实现园区化经营、园区化管理、园区化治理。把有限的治理资源，通过集约化手段，产生更大投入和治污效能。改变汽修喷漆、家具喷涂、配件电镀、包装印刷等高污染行业分散排放、污染严重的问题。每个园区和企业明确分工，最大限度发挥长处，克服短处，形成区域污染治理“大循环”格局。

要把企业污染深度治理纳入用创新理念治理老污染的工作格局，充分发挥国家和地方对企业实施的绩效分级管理优待政策优势，鼓励企业在治理污染问题上舍得投入、一步到位。坚决纠正和克服低端治理、重复投入等问题，强化依法监管、依法治理，坚决打击环评、监测、污染治理设施和企业管理工作中的各种弄虚作假问题，把深度治理落地落实。

大气污染防治是一项系统性工程，持续、深入打好大气污染防治攻坚战要求各地守正创新、笃行致远，在实践中总结经验、与时俱进，不断在大气污染防治工作中取得新的突破。

47

大气治理要严防“纵污养患”

刊于 2022 年 4 月 27 日《中国环境报》3 版
载于 2022 年 4 月 27 日中国环境 App

春夏之交，有媒体报道，京津冀及周边地区有多地出现臭氧污染早来、多发、势重等现象。

客观上，随着近年来大气污染深度治理成果显现，透明的天空一定程度上纵容了紫外线强烈照射。加之 2022 年春季降水量明显少于 2021 年，湿度减轻，无形中造就了臭氧污染形成的天然机制。

同时，由于 2021 年秋冬季以来，京津冀及周边地区多地先后突发新冠肺炎疫情，生产受阻，直到春夏之交才开始集中复产复工，涉 VOCs 和氮氧化物企业和车辆集中排放，也促成了臭氧污染短时加剧的情况。但除此之外，笔者通过调研分析还发现了一些深层次问题。

有这样几个实例，令人深思。某地一个监测站点突发臭氧污染高值，当地用走航车巡查发现，在监测站点周边，有一家企业 VOCs 排放数值明显偏高。但进企业摸排时却发现其白天没有生产，且这家企业不仅安装了污染治理设施，而且是被当地列入“白名单”的企业。难道是走航车监测不准？当夜，检查人员突然杀了个回马枪，发现这家企业正在生产，而且治污设施根本没有正常使用。这些企业被列入“白名单”，是当地为保税收“照顾”得来的。

还有一个例子，有一家涉气企业较为集中的工业园区，近两年每到上级来检查时都集体停产检修。近日，由于园区臭氧污染多次发生高值问题，检查人员在事先没有通知的情况下暗查暗访，终于解开了其中谜团。原来，由于怕被查出问题，每次检查时园区都事先通知企业“停产检修”，形成了事实上的故意纵容园区企业偷排偷放。类似情况不仅发生在企业。在某地，传统产业相对集中，污染较重，但当地为了迎合年度考核污染下降率指标，竟把眼前可以尽快治理的企业污染问题，有意推迟，导致“天不帮忙”时，当地污染出现难以控制的局面。

通过上述实例可知，一些地方存在的污染问题，之所以长期得不到根治，一些企业之所以在各级检查中敢于弄虚作假，一些区域空气质量改善成果之所以不稳固，就是因为一些地方思想认识不到位，污染治理有死角，监督管理有漏洞，甚至有的地方存在严重以停代治、以停迎检、以停保考等治理痼疾。在大气污染防治战场上，形成了事实存在的“纵污养患”问题。

面对“十四五”空气质量持续改善、基本消除重污染天气的目标，不仅要一鼓作气抓紧抓实秋冬防各项防控工作，还必须彻底解决夏季臭氧污染防治中存在的顽疾，克服和严防各类“纵污养患”问题再度发生。

谋求空气质量改善政绩，不能把简单的污染问题拖延成大问题。近年来，京津冀及周边地区存在的“两高”项目污染问题已得到有效治理。但有的地方缺乏正确的政绩观和大局观，为了追求在考核中年年都有显示政绩的下降率，把原本马上就能督促企业治理好的污染问题，故意变成了拖延式治理，还美其名曰“循序渐进、科学安排”。从而导致区域污染问题长期存在，不仅严重影响本地治理成效，而且在不利气象条件下，极易形成本地和周边区域重度污染的后果。

依规保护正面清单企业正常生产，不能以纵容企业违法排污为代价。为了保护污染治理成效优秀企业，各地相继出台了一系列优待政策，明确规定列入正面清单的企业。在启动重污染天气应急响应时，可以正常生产，环境执法也做到无事不扰。但是，有的地方对进入正面清单的企业放低标准、把关不严，出现放纵污染等现象。虽然此后相关企业会被当地清出正面清单，但实际上已经形成超标排放的事实，对当地出现的阶段性污染高值起到了推波助澜的作用。

保面子保税收，不能把企业引向污染治理歪路。如前所述，有的工业园区每逢上级检查考核，都事先通知企业以停产保迎检，以逃避问题。事实上，这些地方真正要掩盖的，是他们平时为了保税收而纵容企业违法排污等问题。大气污染防治攻坚战实施多年，一些企业的污染问题之所以不能根治，与地方保护主义问题的存在密切相关。纵容企业违法排污，虽然得到了一时的税收，但长久下来，企业治理污染的决心和积极性会大打折扣。

推动疫情后复产复工，不能顾此失彼。综观春夏之交出现臭氧污染高值的区域，多是前期疫情发生较为集中区域。个别地方在推动企业复产复工时，出现了环境执法为排污“让路”的情况，缺乏对有序复产复工、高质量复产复工的科学安排。个别地方的环境执法人员片面认为，支持企业复产复工就该原谅企业短时的违法排污问题，以放松监管代替帮扶指导。鉴于此，各地还是要科学谋划，以严格的生态环境要求，助推企业实现绿色可持续发展。

48

为什么污染问题都留给督察组去发现？为什么只有在督察组交办问题后才安排整改？

载于 2022 年 5 月 10 日中国环境 App

刊于 2022 年 5 月 11 日《中国环境报》，题为《扛起督察整改的主体责任》

读《中国环境报》日前刊登的《甘肃公开通报 5 个突出生态环境问题典型案例》报道，顿有眼前一亮的感觉。原因有三：一是为甘肃勇于自我揭短、亮丑叫好；二是典型案例揭露的问题较深较重；三是整改深挖有力度。

甘肃省此次通报的 5 个突出生态环境问题，不仅直戳弄虚作假、整改问题不真不实、对生态环境违法问题打击不力等敏感话题，而且话里话外，指明要借案深查、挖除病根、举一反三、不留情面。特别是针对中央生态环境保护督察交办案件不真改、不实改的问题，给予二次曝光、深入督办，值得称道。

从历次督察曝光的典型案例中不难看出，很多突出的生态环境问题，在中央生态环境保护督察组发现之前，当地并不是毫不知情，也不是所有问题都没有督促整改过。但为什么这些问题总是遮遮掩掩、拖拖拉拉，从小问题变成了大隐患，直到被中央生态环境保护督察组发现后才曝光、才整改，甚至有的出现被曝光后仍然不整改、假整改、拖延整改等现象呢？笔者认为，归根结底，就是一些地方党委、政府没有真正担负起解决当地突出生态环境问题的政治责任、法律责任和主体责任，缺乏像甘肃省这样勇于向污染宣战的决心和斗争精神。

2022 年 4 月，中共中央办公厅、国务院办公厅印发《中央生态环境保护督察整改工作办法》，对督察工作作出了进一步的职责分工。尤其值得注意的是，明确了督察整改的主体责任，规范了程序、完善了机制、强化了手段。各级地方党委和政府应结合实际情况，出台相应举措，认真解决本地存在的突出生态环境问题。

没有主动整治，必将被动整改。笔者认为，推进地方突出生态环境问题整改必须强化政治担当、为民情怀，坚定决心、坚定信念，真正落实地方党委政府主体责任。

近年来，中央生态环境保护督察组向各地交办了大量突出生态环境问题，很多就发生在当地党委和政府的眼皮子底下。有的甚至是地方执法部门早就发现、早就交办、早就要求整改的问题。为什么没有得到整改？原因多种多样，但多与地方保护主义和不愿整改、不敢整改有关联。

例如，某些地方发生的矿山乱开私采问题、“两高”企业违规上马和转型不力等问题，都可以到税务和财政部门的账面上找到长期整改不到位的原因。再如，某些地方发生的企业监测数据造假和污水处理厂长期不能正常运行问题，也都可以在通报的不正当利益输送案例中，找到不能真正整改的答案。还有的地方，仍然存在“借助”中央生态环境保护督察解决当地突出生态环境问题的思想，借以矛盾上交，回避自身责任。

恰因如此，地方党委和政府应强烈树立“上级在我这里发现突出生态环境问题，是我失责”的思想理念，切实强化责任担当。要有敢于动真碰硬、敢于自我亮丑、敢于向突出生态环境问题动刀亮剑的精神，以自己主动尽责，防上级督察时出丑。

省级生态环境保护督察是中央生态环境保护督察的延伸和补充，同时也是中央生态环境保护督察的前端，是推动督察整改工作的重要抓手。从一些地方污染防治中发现的问题看，发生在基层的很多突出生态环境问题，多是由一些部门落实生态环境保护工作责任和督导检查不到位形成的。在一些地方、一些部门，仍然存在“污染治理是环保一家的事”的思想，把自己看成给生态环境部门“打工”，导致一些突出的生态环境问题在部门之间拖沓扯皮，影响了地方党委、政府工作质量和工作动力。

因此，建议省级层面的生态环境保护督察把本级相关部门落实生态环境保护主体责任情况、重点工作推动督导情况、上级交办问题整改情况，作为督察重点，推动发现问题、解决问题。要通过落实“一案双查”“一案多查”，打造各级政府和相关部门有责必担、有责必纠的格局，借以推动各相关部门把该落实的工作主动抓到位，把该尽的责任自觉尽到位，形成齐抓共管的良好工作格局。

在一些地方，总是等到中央生态环境保护督察即将开始，才临阵磨枪、广泛发动，而不是把功夫下在平时。甚至有的地方专门出台相关举措，把中央生态环境保护督察在当地发现问题的多少，作为年度工作总结时“一票否决”的依据，而对平常自我解决突出生态环境问题的工作忽略不计。一些地方只有在中央生态环境保护督察组交办问题后，才安排整改，而对自己工作中存在的先天不足思之甚少。还有的地方，整改雷声大雨点小，对上级交办的问题不能举一反三、引以为戒，甚至存在得过且过的侥幸心理，存在整改方案“单线条”、整改措施“及时雨”、整改过后又重犯等现象。

因此，各级地方党委和政府要真正树立“为官一任、造福一方”的思想，切实提升党委和政府解决当地历史遗留突出生态环境问题的领导组织能力。通过加大财政支持、装备保障、业务培训等手段，切实提升执法和相关责任部门发现问题、解决问题的实战能力。通过加大宣传、曝光力度，运用正、反两方面典型，引导舆论，强化全社会参与污染整治、自觉治理污染、彻底解决突出生态环境问题的良好氛围。

49

让老百姓学会判定和应对“好天”与“孬天”有什么好处?

载于 2022 年 5 月 12 日《瞭望中国》新媒体、《瞭望·观察与思考》

几年前，因为笔者在接受媒体采访时讲到，应对重污染天气时，有的知情家庭，为了减轻油烟污染对重污染天气的推波助澜作用，不吃炒菜吃拌菜。结果，网上有人炒作笔者是“拌菜局长”。其实，笔者当初的表述，既不是故弄玄虚，更不是有意炒作。现今，当有更多的老百姓认知到大气污染的成因和危害后，早已对笔者当初的相关表述给予了理解和有力支持。甚至有更多的老百姓已经加入了从自己和家庭做起，自觉防控小污染的行动中。不仅有效助力了重污染防控行动，也为保护自身和他人的健康利益做出了努力和贡献。

在现实的工作和生活中，政府为老百姓办实事、解难题，很多行动都需要公众广泛参与，而调动老百姓积极参与相关行动的最好办法，就是要让老百姓真切认识和感受到，相关的行动与老百姓个人和家庭的切身利益有什么关系、有什么好处。用知之理、明其利，来激发公众参与的热情和自觉。

基于这样的认知，在深入打好“十四五”大气污染防治攻坚战过程中，各级政府和相关部门，应当特别注重用心、用力、用情，深入做好大气污染成因和相关防控知识的普及、宣传工作。让更多的老百姓知道、学会判定和应对“好天”与“孬天”，知道“好天”应怎样“保”、“孬天”应怎样“防”，就会引导更多的老百姓，自觉自愿地参与到深入打好大气污染防治攻坚战的行动中，用众志成城的力量，做好小家庭、小污染的防控工作，从而形成为空气质量持续稳定好转、基本消除重污染天气“十四五”攻坚目标实现，做贡献的巨大正能合力。

在生活中，通过近年各级各地广泛宣传、深入发动、具体普及，很多人已经认识到秋冬有雾，不一定就是“孬天”，夏季“大晴天”不一定就是“好天”。原因在于，大雾本身，如果不掺杂进有害污染物，空气质量不会差；夏季越是高温天气，排放到空气中的氮氧化物和 VOCs 越是容易在光合作用下，发生化学反应，产生对人体十分有害的臭氧污染。明白了这些问题和根源，才有了很多老百姓每逢大雾天，都尽力从减少家庭餐饮油烟、少开车等做起，减污降碳；才有了很多老百姓大热天捂个大口罩，防臭氧污染伤害的自觉。之所以近几年有那么多老百姓，学会了判定和应对“好天”与“孬天”的方法，应该说，就是在大家弄清楚了“好天”是怎么来的，遇到“孬天”应该怎么去支持政府的治理行动和做好自身防护的方法后，所产生的积极效能。

生态环境部近日公布的数据显示，在接续“十三五”京津冀及周边地区大气污染防治攻坚行动和“蓝天保卫战”专项行动取得史无前例优异战果之下，2022 年 1—3 月，全国 339 个地级及以上城市平均优良天数比例为 83.8%，同比上升了 2.9%；$PM_{2.5}$ 平均浓度为 43 μg/m^3，同比下降了 4.4%；PM_{10} 平均浓度为 65 μg/m^3，同比下降了 13.3%；O_3 平均浓度为 110 μg/m^3，同比上升了 1.9%；SO_2 平均浓度为 10 μg/m^3，同比下降了 16.7%；NO_2 平均浓度为 25 μg/m^3，同比下降了 13.8%；CO 平均浓度为 1.2 mg/m^3，同比下降了 7.7%。

在同一时段，有媒体报道，紧邻首都北京的河北省廊坊市在 2021 年至 2022 年的秋冬季大气污染防治攻坚战中，廊坊市取得了自有监测记录以来的历史最好“战绩”：$PM_{2.5}$ 平均浓度为 43 μg/m^3，同比下降了 17.3%，平均浓度在“2+26”城市中排名第二，仅次于北京；重污染天数为 2 天，同比减少了 3 天。$PM_{2.5}$ 平均浓度和重污染天数均创造了秋冬季有监测记录以来历史同期最高水平。特别是 2022 年第一季度，廊坊市空气质量持续向好，综合指数为 4.21，同比下降了 21.2%；$PM_{2.5}$ 平均浓度为 43 μg/m^3，同比下降了 25.9%；重污染天实现自 2013 年开展大气污染防治工作 10 年来的首次“清零”。笔者注意到，即使在这样的背景下，生态环境部持续多年开展的“美丽中国，我是行动者”专项行动仍在面对公众，持续加力。

廊坊市作为在此之前，首个率先退出全国空气质量排名倒排前十的城市，也依然是在踔厉向公众普及大气污染防治相关法规知识、科学知识过程中，始终是把让老百姓学会判定和应对“好天”与“孬天”的宣传引导工作作为大气污染防治的一项重中之重的主体内容，通过印发宣传手册和网上互动，随时发力。

如生态环境部新闻发言人所说，近年来，尽管全国的空气质量全面实现了历史性好转，但大气污染防治攻坚行动，仍整体处于“气象影响型”和治污攻坚爬坡过坎的不十分稳定状态之下，不仅“十四五”攻坚任务仍然任重道远、“深入打好”的困难仍层峦叠嶂、“两高”企业转型任务还十分艰巨，而且相当多的传统企业污染治理尚需深度攻坚；不仅很多企业的大污染尚需实治，深埋民间的小污染源，也迫切期待群防群治、联防联治和重污染天气重点防控、精准管控。

从近年的成功经验中可以看出，让老百姓学会判定和应对“好天”与“孬天”，首先是可以引导公众参与精准治理。如前所述，很多老百姓知道了在不利气象条件下，污染容易积累，如产生重度污染，无论是秋冬季的 $PM_{2.5}$ 污染，还是夏季的臭氧污染，都对人体，特别是呼吸系统，有较严重的伤害。因此，在不利气象到来的背景下，有很多人就自觉地在生活中从小事开始，做起了减少污染物排放的事。如绿色出行、减少燃煤、不露天焚烧垃圾秸秆和杂物，甚至诞生了少吃炒菜、多吃拌菜的“临时性”好习惯。这些事情都说明，老百姓知道的防控重污染的知识越多，做得也会更好；了解得越深入，做得也会更深入。众多的老百姓都自觉自愿地参与到重点时段的污染防控行动中，政府制定的精准治理、精准防控措施，也就会更加有效地得到落实。同时，广大公众的积极参与、积少成多的减排量，不仅为空气质量持续改善和很多城市基本消除重污染天气、保障公众健康权益奠定了良好根基，也从事实上改变了大气污染深度治理，只是单一地向企业要效能的防治格局。

从近年推动大气污染防治工作顺利开展的经验看，让老百姓深度了解和认知污染治理的过程和方法，也是消除误解和提升公众配合意识、配合能力的有效途径。臭氧污染无色无味，极容易被人忽视，却又会给人体带来较大影响。治理臭氧污染，必须通过减排其产生的前体物——VOCs 和氮氧化物来实现。因此，在夏季高温时段，对 VOCs 治理不达标企业实施错峰生产和限产措施，便成了必不可少的举措。臭氧污染的形成还有一个特性，就是一般是依托 26℃以上高温、干燥天气，二者产生化学反应而形成的二次污染。因此，每逢夏季，多地都有计划、有组织地在高温时日或时段，实施 VOCs 和氮氧化物排放环节错峰限产措施。有的城市还在街道实施高温时段洒水、喷雾等增湿举措。对此，在前些年，由于很多人不了解这个道理，企业和公众对政府和相关部门产生过很多歧义和误解。但近两年，公众通过了解臭氧防控知识和对人体的伤害后果，不仅对夏季“好天”空气质量不一定就好这一情况有了更加深刻的了解，而且，站位“支持政府治污”和“保护自身健康利益”两个层面，主动加入了支持错峰生产、减排控污和城区洒水等行动的行列中。作为老百姓的一部分，企业家们不仅学会掌握了依据气象条件，科学安排生产，尽力减少重污染天气时的污染排放，而且主动实施企业污染深度治理，主动落实重污染天气应急响应的各种举措，主动安装和正常使用污染治理和监控监测设施，由此推动科学治污、依法治污举措在企业和公众层面实现上档升级。

总之，让老百姓深入弄清、学会判定和应对“好天”与“孬天”，是鼓励和激发公众参与“美丽中国，我是行动者”专项行动的有效途径，不仅有利于大气污染精准治理、科学治理、依法治理、源头防控、持续攻坚，也有利于公众在不利气象条件下，提前做好个人避免和减轻自身受到伤害的相关预防事宜，更有利于引导公众与政府同心施治、同向而行，共筑蓝天白云常驻的美好生活。

50

三家企业向督察组告状，带来哪些启示？

刊于 2022 年 5 月 18 日《中国环境报》3 版头条
载于 2022 年 5 月 17 日中国环境 App，
题为《生态环境部门督察期间成“被告”，结局极度舒适！》

近日，某地生态环境部门在上级生态环境保护督察时成了“被告”。告状的是 3 家企业：一家是已列入正面清单的企业，其认为当地实施重污染天气应急响应时，生态环境部门没有对其落实相关优待政策；另一家企业是反映他们只存在轻微污染问题，但受到较重的行政处罚；第三家企业是列入省级绩效评级 B 级的企业，认为生态环境部门有“要挟”把企业绩效评级降级的行为。这 3 家企业要求生态环境保护督察组对当地生态环境部门予以追责。

在疫情背景下，保经济复苏、保企业尽快复产复工，是上级的明确要求。当地生态环境部门真的如企业所说不作为、乱作为吗？接到举报后，督察人员第一时间开展调查核查。

在基本了解了事实真相之后，督察组把企业和执法人员聚集到一起，召开了一场别开生面的“政企交心会”。以事实为基础，让企业和执法人员一起说说心里话。

“政企交心会”上，第一家正面清单企业提出在秋冬季启动重污染天气应急响应时，生态环境部门没有按政策要求让其正常生产的问题。执法人员列举出企业曾先后两次出现不正常使用污染治理设施的违法事实，并告知将其排除优待政策之外，也是依照相关法规要求实施的，并非毫无根据。

第二家企业直接拿出上级有关部门的文件，认为自身发生的轻微污染违法行为可免受处罚。执法人员向这家企业做出解释：上级有关文件中可免除处罚的规定，一是指首次出现，二是指污染行为没有造成明显不良后果。而这家企业在秋冬季 6 个月中，已先后多次出现污染治理设施故障却不及时检修、整改的违法行为，已构成故意排污和不良影响。

轮到第三家企业发言时，企业代表竟然主动放弃了申诉，坦言道，生态环境部门通告企业要从 B 级降至 C 级，他们心里明白是有明确规定的，不属于“要挟”。因为企业确实在重污染天气应急响应期间，因管理人员法规意识淡薄，发生了两次较严重的违法排污行为。

就这样，一场“政企交心会”，不仅帮上级督察人员解开了企业告状之谜，给企业上了一堂普法课，也对执法的公正性、合法性、必要性进行了现场论证。

通过分析这3起企业告状案例，至少可以得到以下几点启示。

生态环境保护督察组处置信访问题是公平公正的。试想，如果督察人员在接到类似投诉后偏听偏信直接处理，而不是以面对面方式，对企业反映的相关问题充分核实，那么，执法人员一定会受到委屈，相关企业也不会解除对执法部门的误解。因此，处理各类环境信访投诉一定要谨慎，不能忽略个别企业为追求一己私利，对职能部门片面指责甚至故意诬告的现象。作为执法人员，也要坚信各级生态环境保护督察是对落实生态环境政策要求的监督和考核，只要依法、公平、公正执法，就会得到公平处理，就不会受委屈。

保存真凭实据，是生态环境执法人员维护自身权益的有力武器。在执法过程中，有时会忽视收取、收录和保存执法取证的细节、证据和资料。在企业对相关行政处罚提出疑问或信访举报后，往往因为缺乏现场执法证据而有口难辩。上述事件中，面对企业提出的疑问，执法人员用事实作根据，用法律作准绳，有理、有据地向督察人员和企业申明事实、说明情况。不仅有力维护了法律尊严，也使告状企业心服口服。事实证明，生态环境执法也要与时俱进，要充分利用现代可视系统，认真翔实地记录每次执法过程，并建档立案，长期保存。要在实践中提升与不守法企业打官司的能力。

要进一步做好企业普法工作。有的企业向上级督察人员投诉，是为谋求一己私利。但也有一部分企业，是因为不知法、不懂法、不完全了解相关法规要求。按照“谁执法，谁普法”的要求，各地生态环境部门要进一步加强对企业的普法宣传。特别是当国家和地方出台一些新的法规要求后，更要及时向企业做宣传、做讲解。以案说法，解决企业对相关法规“只知其一，不知其二”“只学有利条款，不学风险条款”的问题，推动企业在知法中守法，在守法中理解和支持执法工作。

生态环境执法人员要坚守执法底线，敢于挺直腰杆执法。生态环境执法是一件得罪人的事，如果执法人员不能守牢底线，那么国家和地方出台的法规政策，就会变成一纸空文。面对新要求、新任务，各级执法人员要在确保经济稳定运行和民生改善的主基调下，着眼依法行政、依法治理、依法保护之需。通过强化法规意识、精通法规要求，提升守牢执法底线的基本素质。要用真情实意开展进企帮扶行动，最大限度帮助企业解决现实存在的污染难题，引领企业走向高质量绿色发展之路。强化不伸手、不缺理、不越雷池等自我约束本领，坚定不怕告、不怕查的信心。总之，各级生态环境执法人员一定要时刻牢记铁军责任，在任何时候、任何情况下，都要用做得好来保证守得住，切实肩负起蓝天、碧水、净土守护人的神圣责任。

51

抓住源头　突破臭氧污染整治难关

载于 2022 年 5 月 26 日《瞭望中国》新媒体、《瞭望·观察与思考》

近日，生态环境部执法局紧急启动 2022 年重点区域空气质量改善夏季监督帮扶工作，派出精干力量，明确分工定位，强化协调联动，剑指臭氧污染防控。

相关通报显示，2022 年 1—5 月，京津冀及周边地区、汾渭平原、苏皖鲁豫交界地区等区域夏季臭氧污染浓度为近 5 年历史同期最高。防治任务十分艰巨。从空气质量形势看，2022 年 1—5 月全国 339 城市臭氧 8 小时第 90 百分位浓度平均值为 132 $\mu g/m^3$，同比上升了 7.3%，臭氧首要污染物超标使优良天数比例下降了 1.3%。5 月上旬，全国臭氧平均浓度为 147 $\mu g/m^3$，连续 3 个月同比上升。

接续“十三五”蓝天保卫战优异战果，“十四五”又以优良天数大量增加、重污染天数大幅减少为标志，展现深入打好污染防治攻坚战旗开得胜。从很多老百姓的直观感觉看，2022 年以来，特别是进入夏季以来，看到的蓝天白云越来越多。但很多人并不知道，晴空万里的蓝天白云之下，尽管 $PM_{2.5}$ 等污染物指数不高，但是，对人体有较重伤害的臭氧污染，却在偷偷加剧、默默害人。

臭氧污染的形成，有其特定的天性。一是要有高排放的 VOCs 和氮氧化物做前提；二是要有高温干燥的气象条件为“温床”。VOCs 和氮氧化物在高温之下起化学反应，生成二次污染物，就是臭氧污染。高排放的 VOCs 和氮氧化物是从哪里来的呢？除日常生活中公众车辆、餐饮油烟和各种涂装活动排放及大自然自发排放的污染源外，污染大头主要是企业生产经营活动过程中，正常和非正常排放的相关污染物。

笔者从事大气污染防治工作近 10 年，走过多地、到过多企，也多次参加过相关污染治理研讨活动。无论是过去还是眼前，针对臭氧污染形成前体物的综合分析，令专家和业内人士最头疼的不是企业正常生产活动达标排放的相关污染物，而是“三低、三外”污染源头。

什么是“三低、三外”污染源头呢？笔者给出的定义是这样的：一是污染治理水平低级，按企业污染绩效评估标准，被排在 A 级之外的“两高”（高污染、高排放）企业；

二是污染治理设施低端，没有按管理要求安装在线监控，被置之在“线外”的重污染企业；三是社会责任感低下，故意设置监测上限弄虚作假，被称为“法外”偷排偷放、偷鸡摸狗的企业。

专家分析，深入打好“十四五”大气污染防治攻坚战，面临两大困境。一是“气象影响型”现实难以摆脱。二是臭氧污染时有加剧，难以攻克。但笔者认为，无论气象影响性因素有多么难以克服，如果没有那么多“三低、三外”污染源头的存在，即使气象条件再不利，污染程度也会更有限度。因此，当前和今后一段时期，严防严控臭氧污染，持续、稳定改善空气质量，实现基本消除重污染天气目标，各地的工作的着眼点，还是应该死盯在严防、严控、深治、严打“三低、三外”污染源上。

对此，笔者在生态环境部制定的《2022 年重点区域空气质量改善夏季监督帮扶工作方案》中看到了这样的表述：统筹做好疫情防控和经济社会发展生态环保工作，坚持“精准、科学、依法”治污工作方针，落实“五个精准”要求，紧紧围绕污染防治攻坚战核心任务和“十四五”空气质量改善目标，深入推进细颗粒物和臭氧协同治理、氮氧化物和挥发性有机物协同减排，突出问题导向，强化科技支撑，提升智慧监管，加大精准监管、精准帮扶力度。精准监管、精准帮扶的重点目标任务，紧紧盯在涉挥发性有机物企业综合治理、重点行业氮氧化物合规达标排放、深度打假惩污。从现实需求来看，这个方案切实抓到了点子上，捅到了痛痒处。对此，各地在配合和落实相关行动中，应举一反三，抓住要害，切实针对本地存在的现实问题，用真功、下狠手，从以下几个方面做好相关工作，借以实现严防严控臭氧污染，争取更多优良天之目标。

从重点区位、重点行业、重点短板上求突破，认真解决企业污染治理低级问题。综观现实臭氧污染加剧现实，业内人士可以明显看出，一些地方“三低、三外”污染企业的存在，不仅是冬季不利气象条件下形成重污染的祸首，也是夏季高温时段，导致臭氧污染时有加剧的主要根源。从京津冀及周边地区来看，每每形成重度污染，“冒泡儿”的区域多是“两高”企业污染治理不到位问题相对集中的地方。有的地方，地方保护主义思想作祟，为了让税收和 GDP 数字好看，在“两高”污染治理上往往睁一只眼闭一只眼。由此导致一些“两高”企业，在绩效评级过程中，争 A 意识不强，宁可在不利气象条件下接受停限产制约，也不愿在治污上加大投入，形成不能实现高质量发展的掣肘；一些地方的考核激励机制，往往“避重就轻”，而对推促地方和企业痛下决心、猛药治疴的激励性不够强硬，导致重点区位、重点行业、重点短板的污染治理久拖不除，重污染源长期存在，不仅使当地的空气质量改善长期没有大改观，而且每逢不利气象条件出现，当地的污染都顺风而下，殃及四邻。从近两年秋冬季和夏季形成中度以上污染的结局来看，北京和河北的廊坊、张家口一带所出现的污染情形，多是由南往北的顺风污染团造成的。现实中，你家先出现重污染，他家跟着背黑锅的问题并不少见。对此，在强化协同防控过程中，存在上述污染现状的地方，应切实强化大局意识、责任意识和危机意识，切实加大、加快污染治理力度；以开展清洁生产和绩效评级为抓手，鼓励和支持“两高”企业创A净身、减污降碳、上档升级，摆脱低级循环，争当高质量发展排头兵；作为各级指挥层面，要切实把“两高”污染治理做好统筹安排，精准实施联合攻坚、联合作战、联合防控、联合求效，变“鞭打快牛”为“鞭打慢牛”。

从强化科学管理、科技管理、精准管理入手，强化对涉气企业全员在线监督。现实中，很多涉气企业没有纳入在线监管的问题普遍存在。一些地方往往把在线监管侧重国省市重点企业，表面看是抓住了污染大头，但比这些企业数字大得多的污染排放企业却处于在线失管、失控状态。这些企业的总排放量加起来占全社会总排放量的比例并不低，他们用低治理成本换取高额利益的现实形成了“恶币驱逐良币”的不良现象，不仅对重污染形成雪上加霜，而且伤害了社会公平。因此，各地应加大加快所有涉气企业全员落实在线监督监控的工作落实，让每家企业的生产活动，都实时掌握在相关部门的视线之内，借以改变企业治理设施低端、企业污染置身在线监管之外、污染防控失守问题，形成大污小污一起治、社会责任共担当的良好局面。

从常态化打假、治假、惩假做起，认真解决企业不遵法、不守法问题。近日，《中国环境报》在公布中央生态环境保护督察发现的典型案例时，用了这样一个标题：《第三方机构数据造假又又又又被点名了，症结在哪里？到底怎么管？》，笔者看后，十分理解编者在设置这个标题时，一口气用了4个“又”的痛酸之心。现实中，通过近年中央生态环境保护督察发现的问题中，企业在监测数据和污染治理设施上故意造假、第三方机构为谋私利配合造假等问题屡屡曝光、比比皆是，很多问题不仅令人痛心疾首，甚至令受害公众发指痛骂。但这样的问题为什么还屡屡发生？症结到底在哪里？相关报道明确指出，企业谋私、部门监管不力、对造假问题打击不够，是最现实的根源。正如相关报道所述，出于考核压力、政绩面子、利益勾连等因素，有的地方会指使、授意、配合第三方进行数据造假。有些地方当惯了甩手掌柜，对数据造假、失真等问题习以为常、熟视无睹。还有的地方，对数据造假监管不力，相关部门委托第三方机构检测的结论与生态环境部门的监督性监测结论完全相反，数据也是天壤之别，却没有人质疑、查找原因，也反映出监管方面存在问题。

鉴于此，《中国环境报》理论评论部，先后多次组织各级专家、笔手，对造假问题强书笔力，纷纷建议相关部门要树立正确的政绩观和履职观，不搞环保数据的面子工程，不在数据上要小聪明，扎扎实实推进环境质量改善。对第三方机构，不能用信任代替监督，要提高监管的主动性和积极性，不断拓宽监管渠道、强化监管力度。如借助大数据等科技手段开展非现场监督检查，源头上、全过程查处数据造假行为，保持监管高压态势。不同部门在履行生态环境保护职责过程中，要互通互用监管信息，形成监管合力，强化监管力度。对此，笔者大为认同，同时也建议，各地要从常态化打假、治假、惩假做起，认真解决企业不遵法、不守法问题，让各种环境数据造价像“过街老鼠”一样，人人喊打、天天喊打、常态化喊打，以此形成有效压缩低德、法外企业生存空间的强大声势。

总之，有效治理和破解“三低、三外”污染困局，不仅是实现眼前臭氧污染防控取得扎实成效的良方妙计，也是实现“十四五”污染防治攻坚战预期目标的有效途径和长远举措。

52

防控臭氧应避免三个认识误区

刊于 2022 年 6 月 10 日《中国环境报》3 版
载于 2022 年 6 月 10 日中国环境 App，
题为《应对当前臭氧污染防控的严峻形势，亟须扭转 3 个误区》

2022 年 1—4 月，全国 339 个城市的臭氧平均浓度为 127 μg/m^3，同比上升了 8.5%。

为什么 2022 年臭氧污染治理形势异常严峻？笔者调研发现，除高温少雨等气象条件为臭氧污染的加剧创造了条件外，一些新情况、新问题也不容忽视。应对当前臭氧污染防控的严峻形势，须扭转 3 个误区。

误区一：形势一好就放松。2022 年 4 月、5 月一些地方臭氧污染防控失利，一些地方对今年不利的气象条件因素估计不足。但笔者认为，估计不足只是表象，其内在原因是在 2021 年同期臭氧污染防控取得良好战果之后，一些地方产生了松懈、麻痹思想。一些地方今年出台的臭氧污染防控举措，明显不如往年多，调度管控举措和相关机制，也明显不如往年抓得紧、抓得细、抓得严。

大气污染防治实战经验告诉我们，深入打好大气污染防治攻坚战，任何时候、任何情况下，都不能产生松懈、麻痹思想。只有牢固树立久久为功的打持久战思想，才能打破靠天吃饭的惰性，持之以恒，切实改善空气质量。

误区二：得不到优良天就放松。臭氧污染治理绝非朝夕之功。一线工作者付出很多努力后，有时看不到显著效果，得不到优良天，就放松管控工作，甚至“破罐子破摔”。

事实上，即使没有得到优良天，臭氧污染管控努力也没有白费。如果没有管控，污染可能更为严重，很多轻度污染可能成为中度甚至重度污染。得不到优良天就放松管控，往往会因“放手”而“失守”。因此，在实际工作中，要时刻牢记精准防控的根本要求，切实树立能减排就不放松的思想。把精准防控的目标时刻定在减轻污染程度、保护公众健康上，不能陷入得不到优良天就放松的误区。

误区三：“不在线上”就放松。自 2022 年以来，一些地方积极探索环境监管非现场执法新模式，实现科学执法、精准执法、依法执法，减少对企业的打扰。但有的地方在探索非现场执法新模式过程中，陷入了一些执法误区。如有的地方片面强调，不首先在线上发现问题，就不能去企业现场执法；没人举报企业有污染问题，就不能去企业现场执法等。而事实上，很多地方除国省市县重点企业已安装在线监控外，大量的中小型企业没有实现在线监管，易形成事实上的执法盲区。这些没有安装在线监控的企业可能存在各种各样的污染问题，特别是无组织排放问题。每家企业的污染量可能都不大，但是积少成多、积多成患的 VOCs 和氮氧化物排放，为很多地方臭氧污染加剧起到了推波助澜作用。

因此，各地在探索生态环境监管新模式过程中，要面对现实、科学谋划、精准部署。要做好有利于执法新模式运行的基础性工作，最大限度实现所有企业可在线监测。对确实不具备安装在线监控设备条件的，也绝不能放手不管。要采用监控、巡航、抽测等多种科技手段，提升发现污染问题的能力。结合本地的实际情况，着眼谋求臭氧污染防控整体效果，“大污小污”一起治。

53

滚石上山尚需深研爬坡过坎之策

载于 2022 年 6 月 10 日《瞭望中国》新媒体、《瞭望 · 观察与思考》

2022 年 4 月以来的气象条件着实让期待有更多优良天气的人们深感揪心。继 4 月和 5 月京津冀及周边地区多个城市普遍出现优良天同比减少 5 天以上，多者达 10 天以上之后，6 月开局不利，前 4 天有多地持续出现以臭氧污染为主的中、重度污染，与 2021 年同期连续 5 天的优良天形成强烈反差。对此，很多网友发出疑问：臭氧污染因何卷土重来？“十四五”空气质量改善目标能否实现？

持续改善空气质量、基本消除重污染天气，是国家确定的“十四五”大气污染防治工作目标。实现这个目标，当前最大的困惑有两点：一是“气象影响型”的巨大影响；二是对夏季臭氧污染形成机理的一知半解。从国家层面来说，对“气象影响型”科学规律的认知，决定了在“十四五”期间精准防控臭氧污染形成的工作方略。从 2021 年与 2022 年前 5 个多月臭氧污染轻重程度来看，也充分论证了“气象影响型”仍不可抗拒的事实。2021 年第二季度风大雨勤，给借助高温、干燥、静稳天气才易形成的臭氧污染当头一棒，所以，由臭氧污染所损失的优良天同比 2019 年和 2020 年都大幅度减少。而自 2022 年第二季度以来，京津冀及周边地区雨量明显减少，北京及周边地区基本没有出现降雨，艳阳暴晒之下，多是高温静稳天气，为臭氧污染的形成创造了机遇。两个年头大相径庭的气象条件，直接影响了空气质量好与孬结果的产生。

“气象影响型”，不是“气象决定型”。$PM_{2.5}$ 污染也好，$PM_{2.5}$ 污染物中的 VOCs 和氮氧化物，在高温暴晒之下，产生化学反应，二次生成臭氧污染物也好，都说明一个问题，就是有污染物在先，受气象影响而积累或新生的污染物在后。由此可以得出这样的结论：无论“气象影响型”有多么强烈，如果没有大量的污染物存在，则空气质量怎么说也不会变得太差。

国家“十四五”大气污染防治相关工作方案明确指出，“十四五”空气质量改善正面临滚石上山、爬坡过坎的艰难阶段。

石怎么滚？坎怎么过？

近年，国家通过强力实施产业、能源、交通等重大转型举措和加快、延伸、拓展污染深度治理，取缔并严控高污染、高排放行业上马及具体落实问题、时间、区域、对象、措施“五个精准”等“一揽子”相关举措，在“十三五”收官和“十四五”开局之年，已初步摸索出较成功经验，为各地有力削弱“气象影响型”干扰，实现空气质量持续好转，大量减少重污染天气提供了有力支撑。但现实是，仍处于“气象影响型”不能完全摆脱的艰难课题，仍需各地在实践中深研、细谋。因此，在滚石上山、爬坡过坎的现实阶段，各地应结合本地实际，持续深研破解和摆脱“气象影响型”的方略办法，找准问题的症结所在，强力实施对症下药的创新举措，努力跳出困境与窘迫，不断谋求空气质量改善新业绩。

“暴晒日”尚需精准减排。通过“十三五”期间的实践摸索，在秋冬季遇有大雾不利于污染物扩散的气象条件时，多地统一依法实施应急响应，通过限产减排，有效严控重污染形成已成常态。但针对夏季极端高温天气，极易形成臭氧严重污染的管控，在各地尚无像秋冬季一样的、有法可依的应急管控措施。伴随 $PM_{2.5}$ 污染防治的优良战果，天空的透明度越来越敞亮，从机制上给臭氧污染的形成创造了“天赐良机”。所以，形成以臭氧为主的中、重度污染日不断增多。因此，持续改善空气质量，基本消除重污染的工作重心和着眼点，必须面对现实，努力实现秋冬季和夏季应急管控同步实施。由此，国家和地方，有必要适时出台相关法规保障举措，像秋冬季对付大雾一样，在夏季“暴晒日”落实精准减排，严防严控臭氧污染。否则，极易出现夏吞冬果之现实。

“源人头”尚需精准深治。反观近年夏季臭氧污染时有加剧、反复无常，难以摆脱“气象影响型”之现实不难看出，臭氧形成的前体物 VOCs 和氮氧化物排放仍然十分严重，是形成臭氧中、重度污染的“源大头”。根据分析臭氧污染形成的机制，VOCs 和氮氧化物高排放区域臭氧污染不一定就高、重，原因是两项污染物在缺失二次转化条件，形成臭氧污染之前，就随风而下，传至异地，而恰恰在异地高温时段得到暴晒的温床产生化学反应，形成异地臭氧污染效应。虽然说每个地方都有一定量的 VOCs 和氮氧化物排放，但“源大头”是臭氧重污染形成的“第一祸首”。如近期北京市及河北省中北部几次出现的臭氧中、重度污染，按相关研究机构专家掌握的排放总量分析，这一区域仅靠自身的 VOCs 和氮氧化物排放，很难形成重度污染问题。按污染物形成和风向传输云图分析，明眼人立马会看出南污北下的轨迹。因此，在臭氧污染防控过程中，各地应强树大局意识、协同意识，从深挖、深治、深减“两高”污染排放做起，自觉为区域联防联控和国家“十四五”大气污染防治攻坚目标实现做贡献。

“无底账”尚需实打实。精准摆脱“气象影响型”干扰，收获臭氧污染防控更大成效，必须做到知己知彼。从现实情况来看，虽然各地都在努力通过污染源普查摸排污染底数，但是，有的地方受地方保护主义思想影响，摸排上报的一些主要污染物数据根本不真实，有的只统计上报上级清楚的污染大头，不统计上报在线监控企业之外的小污染源；有的畏难于深度治理，故意在污染源统计中弄虚作假、遮遮掩掩；还有的只清楚企业污染源，而对社会无组织排放污染源数量不清不楚、不明不白。从而导致当地的全社会排放总量，始终是一本“无底账”，给精准治理、精准防控带来很多死角和掣肘。如近日网上就有网友提出这样的疑问：疫情之下，人少车稀企业停产，为什么本地臭氧污染还那么高？笔者调查发现，即使这样的情况发生在产业结构相对较好的城市，臭氧污染出现重度的原因，也不完全是异地传输的结果，本地的“账外”污染源，同样起到了雪上加霜的作用。因此，要治污染高值病，更好实现摆脱“气象影响型”干扰之目的，必须首先真正摸清本地 VOCs 和氮氧化物排放的真情实数，建好一本“真账”，为扎扎实实做好精准减排、精准防控奠定坚实基础。

“开对方”尚须诊明脉。臭氧污染的形成机制很复杂，到目前为止，对其形成的前体物 VOCs 和氮氧化物的排放，在什么比例之下，最能有效遏制臭氧污染的形成，尚无明确说法。对此，既是令国内外业内专家十分头疼的一件事，也是基层实际工作者无所适从的一大困惑。臭氧污染怎么控？有地方提出两项污染物分时管控，实施 VOCs 重点排放企业黑转白、氮氧化物重点排放企业白转黑生产模式。对此，很多专家并不认可，实际成效也说不清、表不明，给工作落实带来很多疑惑。

因此，面对应对“气象影响型”背景下臭氧污染防控实战需要，迫切期待有关专家和研究机构，及时总结国内外相关工作经验，提出具有科学性、实战性、区别性的臭氧污染防控路线图、作战表，不能只简简单单地把臭氧防控举措定位在控制 VOCs 和氮氧化物总量混合排放上。因为，企业的生产活动既不能停止，也不能摆脱两项污染物同步排放的现实。

只有通过发扬滚石上山、爬坡过坎的战斗精神，通过在实践中不断深度研究，真正摸清臭氧污染形成的科学机制，在“诊明脉”的基础上，努力探索科学防控的精准手段、精准办法，开对既有利于发展又有利于空气质量持续改善的“良方”，为摆脱现实的、模模糊糊的“亚精准”防控局面，高质量如期完成“十四五”空气质量改善目标任务搭桥、铺路。

54

“气象影响型”并不等于“气象决定型”

刊于 2022 年 6 月 22 日《中国环境报》3 版头条

2022 年 6 月中旬，某市气象预报是东北风，而且是雨后阴天，经研判空气质量应为良。没想到的是，午后突然变为东南风，直接把上风向城市已形成的臭氧“吹来”，并持续 8 小时以上，最终这两个城市当日空气质量均为臭氧轻度污染。类似这样因气象因素影响导致的研判失误，近年来在大气污染防治工作中不是个例。特别是在夏季，一些城市气象条件受风场作用，不确定性增加，给污染管控带来很多新课题、新考验。

从 2021 年全国大气环境质量看，城市环境空气质量总体仍未摆脱“气象影响型”。自 2022 年 3 月以来，我国部分重点区域气温同比偏高、相对湿度偏低、降水偏少，有利于臭氧生成。受此影响，1—4 月，全国 339 个城市臭氧平均浓度同比上升了 8.5%。臭氧污染形势不容乐观，污染防治任务仍然较重。

经过多年的大气污染防治攻坚，我国已历史性扭转了大气重污染多发、频发局面，但仍处于“气象影响型”之下的不稳定状态。“十四五”时期大气环境质量深度改善，正处于滚石上山、爬坡过坎的艰难阶段，“气象影响型”的特点就是重点和难点所在。

“气象影响型”是指空气质量的持续改善和改善成果的持续保持，难以摆脱气象因素的影响和制约；气象条件有利与否，直接影响空气质量的好坏。多年治污实践表明，气象条件是否有利于污染物扩散，往往决定一个城市、一个区域污染积累的轻重程度。比如，冬季大雾天气极不利于污染物扩散，雾越大，持续的时间越长，$PM_{2.5}$ 污染就会越发加重；冬季艳阳高照、风和日丽的天气则十分有利于污染物扩散，因此得到的优良天也就越多。反之，到了夏季，天空越是透亮、阳光越是明媚、温度越是升高，反而成了臭氧污染形成的“良机”，导致臭氧污染日增多，因此损失的优良天也就更多。风大有利于 $PM_{2.5}$ 污染物扩散，也有利于臭氧污染防控，但同时，大风卷起“飞沙走石”也可能导致 PM_{10} 污染加剧，甚至在秋、春两季还时常出现沙尘暴，同样得不到优良天。

值得注意的是，气象条件对空气质量影响显著，但“气象影响型”并不等于“气象决定型”。无论气象条件有多么不利，只要没有大量的污染源存在，污染程度就不会那么严重，空气质量就没有那么坏。大气环境中没有后天污染源，即使遇到极端不利的气象条件，也没有形成大气严重污染的机会。由此可见，气象条件是形成重度污染的外在因素，污染物才是主要原因。

在实际工作中，污染物排放不会在短期内实现根本消除或转移，有利于污染物积累的冬季大雾天和有利于臭氧污染形成的夏季高温天在现实中也无法立即逆转。只有客观承认和认识气象因素的不利影响，才能更加科学、理性地把握好治理与防控、深入与持续、管理与攻坚的工作尺度，精准推进深入打好“十四五”大气污染防治攻坚战的各项工作。

首先，客观认识气象因素的影响，有利于深度治理的强力实施。气象条件是人为因素不能改变的，但逐步减少污染物排放是人为可以做到的。通过近年的大气污染防治攻坚行动，到“十三五”末期，多数城市污染物总量减少了一半以上。但是，现实中一些地方的高污染、高排放行业污染问题依然没有得到根本性解决，导致在不利气象条件影响下，时常出现重污染天气。有污不治、治理缓慢，根源就在于一些地方、一些企业还没有真正认识到必须通过更大的人为努力来削弱不利气象因素对大气污染防治工作的影响，思想认识还停留在“依赖好天治污染、可以松口气”的侥幸心理，导致治污的决心和信心不足、定力和耐力不够。

深入打好“十四五”时期大气污染防治攻坚战，实现空气质量持续、稳定好转和基本消除重污染天气目标，各地和企业只有客观认识不利气象因素影响的现实，才能主动、理性地梳理存在的污染问题，把克服不利气象因素对大气环境影响的关键锁定在污染源的深度治理上。消除等、靠、看的消极心态，按照已确定的攻坚路线图、时间表，尽快实现本地和本企业的污染攻坚目标，为逐步摆脱不利气象条件因素影响，争取更多的优良天、基本消除重污染天气做贡献。

其次，客观认识气象因素的影响，有利于化解社会矛盾。为了应对秋冬季的 $PM_{2.5}$ 污染和夏季臭氧污染多发频发，国家和地方层面均出台了应对不利气象条件的相关治理和应急管控举措。停产限产、控车减煤等举措，不仅有效降低了不利气象条件下的污染程度，而且有力保护了公众的健康。但是由于防治污染、应急管控相关举措也给企业正常生产和公众出行、生活保障等带来了一时的损失和不便，一些公众对一年四季气象条件不断变化与污染问题时常出现反复的根由不清楚、不明白，引发出一些不和谐的“弦外之音”。

让广大公众真正认识到气象因素对空气质量改善产生的直接影响，将有利于公众和企业从科学的角度，理性看待和落实不利气象条件下为减轻污染所采取的各项相关应急举措，主动配合政府和相关部门落实好各项管控措施。近年来，各地出现的污染企业主动退城搬迁、环保志愿者队伍不断壮大、重污染天气应急响应时公众主动绿色出行等现象，都用事实证明了客观认识气象因素的影响，不仅有利于激发公众的广泛参与，而且有利于化解现实矛盾。

最后，客观认识气象因素的影响，有利于精准考评。对大气污染防治工作精准考评，能够有效发挥考评指挥棒作用，激发各地治污积极性、主动性，是精准指挥调度、精准落实治理举措的辅助手段。有的地方在考评机制制定上缺乏对气象因素的客观认识和科学把握，在制定环境质量提升指标和在日常调度、年度考评过程中，往往出现失之偏颇的问题。

比如，有的地方在考评臭氧污染防治工作时，没有认真分析污染来源和污染传输现实状况，就点名批评某县级政府臭氧污染管控不力，甚至在月度考评中给其扣分，而这个县的产业结构从臭氧污染形成机制上并不是产生 VOCs 和氮氧化物排放的根源。还有的地方考评机制缺乏对气象传输因素的考虑，区域出现重度污染后时常出现“各打五十大板”的现象。

因此，各地在制定大气污染治理考核指标、考评办法和机制时，要客观承认和认识气象因素的影响，科学制定改善目标，把握考评工作力度，完善考评机制，用有利于“鞭打慢牛”、褒奖先进的考评机制，推动“气象影响型”背景下的大气污染防治工作科学有序开展。

55
监测造假　伤“天”害理
——五种监测造假“预兆”敲警钟，让伤“天”害理者无处逃遁

载于 2022 年 6 月 22 日《瞭望中国》新媒体、《瞭望·观察与思考》

前几天，某地臭氧污染时有加剧。监测人员用走航车在某企业周边多次监测到“冒泡”的 VOCs 排放高值数据。但是，企业在线监测数据显示污染排放数值十分正常。监管人员顺“疑”摸瓜，入企勘察。结果发现，该企业在监测设备折算系数上动了手脚，形成了事实上的数据造假、违法排污。

监测数据造假，是近年来中央环保督察和各地环境监管过程中发现较多的一个顽疾性问题。监测数据造假，不仅严重干扰大气污染精准治理、精准考核、科学决策，而且是一种践踏法律和社会公平的违法行为。及时发现、纠正和打击数据造假行为，不仅有利于净化治污战场法治环境，也有利于深入打好污染防治攻坚战。

污有源、债有主。监测数据造假“技能”无论有多么诡秘，都会有狐狸尾巴露出来。笔者和业内监管人员“细思极恐”之余，深切感到，及时发现、纠正和打击监测数据造假行为，必须从实践中掌握疑似造假的“预兆”做起，善于从日常多发的以下 5 种相关“预兆”中发现监测数据造假问题。

一是产业结构没有大变化、气象条件没有大起伏，监测数据却突然变好了。实践中，各级多次发现的监测数据造假问题中，往往都有这样一个规律性的“预兆”：当地高污染产业、高排放产业没有减少，但空气质量在基本相同的气象条件背景下，发生了阶段性较大的改观。这种有违事物客观发展规律的情况，往往是多企业同时造假、集中造假，或是与第三方运营单位串通造假产生的“孽债”。

二是走航数据和定位监测站点污染数据总是高，而周边企业自我监测的数据却不高。如前所述，某地臭氧污染总是出现高值，走航监测也多次发现该区域 VOCs 污染较重。但如果不是监管人员经验丰富，通过“预兆”直接入企抓出“内鬼”，则这笔“孽账”哪家企业也不会承认，污染高值问题一定会是长时间得不到解决。

三是企业监测数据长时间趋于平稳，上限高值显现十分有规律。现实中，监管人员往往紧盯的是数据变化无常、时常出现污染高值的企业，而对监测设备常态化运行，数据十分平稳的企业往往产生忽略。其实，这类情况往往也是设置上限、弄虚作假的“预兆”，各级检查都有发现。

四是超标时限很有规律，说高就高，说低就低，总能把握在受处罚时限之内。打假有法规、排放有标准、时限有明确。但有的企业就善于钻法规、标准和时限的空子，一天发生多次超高排放问题，但从监测数值和时间节点上，都属“临界”问题。类似这样的造假“预兆”，令监管人员十分头疼。

五是每每遇有考核和检查，监测数据就好看，考核检查一过，监测数据就“变脸”。类似这样的情况，与前边讲到的产业结构没有大变化、气象条件没有大起伏，监测数据却突然变好“预兆”基本一样，多是“出生”在某种压力下的“怪胎”，都是冒险踩红线的产物。

为什么在国家和地方深入打好“十四五”大气污染防治攻坚战，严厉打击各种监测数据造假行为的强大声势下，仍然频频出现监测数据造假问题呢？究其根源，除有的企业法规意识淡化，赚钱不讲良心和对造假行为打击力度还欠火候，处罚还不够严狠外，还有一个重要因素不可忽视，那就是各级监管人员在实际工作中，缺乏通过“预兆”预感问题、发现问题、挖掘问题、解决问题的实战能力。如上所述，种种“预兆”和现象，在多地均反复出现，但很多问题还没有被揪出、被处理、被制止。这说明监测数据打假工作的长期性、复杂性和艰巨性，也说明监管人员的现实素养与适应现实工作所需的实战能力还有一定距离。

发现问题是解决问题的前提。提升发现问题的能力，迫切需要各级监管人员在实际工作中不断总结经验、及时借鉴“他山之石”的有益启示，在实际工作中，每当发现正常和非正常“预兆”，都要“多个心眼儿”，问个“为什么”“是什么”“怎么办”。努力提升通过“预兆”看问题、想问题、查问题和分析问题、解决问题、防微杜渐的工作本领。使各种各样“招数”的监测数据造假行为一有出现就被查、一有抬头就被抓、一有施展就被打，让监测数据造假行为失去生存的温床，没有逃遁之地。同时，各级监管人员，还要切实肩负起“谁执法，谁普法”的责任，通过以法说法、以案说法，大张旗鼓公开“亮相”各种可能的造假手段，让企业认清，监测数据造假就是踩生态环境保护红线，就是违法犯罪，就是自断发展后路，引导企业走向红线不敢踩、不想踩、不能踩之路。

56

公众是减排控污的生力军

刊于 2022 年 6 月 28 日《廊坊日报》2 版

“持续暴晒”“极端恶劣”“前所未有”“不降反升”4 个词组，是近期媒体描述 2022 年 4 月以来，高温少雨、臭氧污染加剧时用得最多的词。

自 4 月以来，京津冀及周边地区臭氧污染持续严重，中、重度污染频发，至 6 月 25 日，京津冀及周边地区出现臭氧轻、中、重度污染 30 天以上的城市，至少有一半以上。这是近两年来从未有过的。

近日，笔者围绕臭氧污染的形成机制、治理经验、防控措施和公众防护，结合工作实践所观、所感、所悟，通过《瞭望中国》新媒体和《中国环境报》撰文，向社会和公众传播相关知识、研讨相关问题、提出见解建议，引发很多网民高度关注。有几十位相识与不相识的网民，通过打电话、网聊和网上留言等方式，与笔者深度交流探讨臭氧污染防控问题。让笔者感触较深的是，多数网民把臭氧污染前体物排放的责任，“一股脑儿”全都推到了相关企业头上，这让笔者感到既不公平也不客观。

臭氧污染形成的前体物——VOCs 和氮氧化物，排放主体是相关企业，这话一点儿也不假。在全社会排放总量“大盘子”中，公众生活所排放的相关污染物，确实也占有很大比例。除公众正常生活所需、不可避免的排放因素外，很多污染物的非正常排放，也在为臭氧污染的形成起着雪上加霜的作用。

2022 年国家“六五”环境日的宣传主题是“共建清洁美丽世界”。当日，《中国环境报》刊发的文章《每一个人都与世界紧紧相连》就直截了当地把不分国界的公众与不分国界的生态环境捏合到了一块儿。文曰：“或许有人会觉得世界离自己很远，但其实，它就在每个人身边。”“世界清洁而美丽是我们的共同期许，每一个人都与人类命运紧紧相连，都与世界美好环环相扣，一双双手连接起来，就能缩短与美好的距离，一份份爱凝聚起来，就能让世界焕然一新，让生活更加精彩。”饱含诗意的“献辞”，引发笔者同感。

现实的世界，污染轻重程度，每个国家、每个地区各有不同。但是，污染源的组成部分里，谁也不敢说全部都是相关企业排放的。公众生活的排放量无论多少、大小、轻重，客观的存在肯定是现实。因此，要期望自己生活的空间清洁干净、污染物变轻变少、空气质量优质宜人，就必须正视现实，从每个人、每个家庭和每天每时的减污降碳做起，最大限度地减少正常生活所需的过程污染物排放，严控不必要的污染物增量，以此与企业减排形成共振，推进空气质量持续稳定改善和保持。用自己的付出和努力，维护自身的环境权益，保护自身的健康和幸福。

现实中，公众参与大气污染治理，已不是什么新话题、新概念。环保志愿者队伍的日益壮大、“广场大妈”的宣传活动、污染问题的公众举报和作为公众一部分的企业主自觉自愿地开展污染治理深度行动，都彰显出了公众参与污染治理的高度热情和责任担当。但日常生活中，也确实还存在很多公众生活污染源自治和自管不够到位的地方。以下两个“发问”，大家可以“对号入座”地想一想、看一看。

自己和自家能管、能治、能控的污染源，实际生活中管了、治了、控了吗？例如，生活中千家万户的厨房里，都安装有油烟收集排放装置。但很多人并不知道，由于家庭所用的油烟收集排放装置，技术含量很低，一部分油虽然被收集，但更多的油和烟，在没有被净化的情况下，直接排到了室外。殊不知，一家排一点儿，万户成大污。赶上弱风静稳天气，大量的污染物连小区都出不了，等于是大家一起排污染，大家一起受伤害。众多的家庭、小区所排放的污染物汇集到一块儿，造成了区域污染加重、空气质量变差。知道了这个污染成因后，有很多家庭在安装油烟收集排放装置时，已开始注重选购能减少向室外排放污染物的高质量油烟净化装置，而且定期清洗、及时清洗，以保油烟净化装置正常运行。再如，有些人经常把自家的垃圾、杂草和秸秆等生物质和杂物，一把火点燃，自以为是一烧了之，殊不知，其排放的大量烟雾，就是臭氧形成的前体物——氮氧化物。在近年的大气污染治理过程中，各地通过宣传引导讲清危害和科技监控及时处置等，减少了露天焚烧情况的发生。但是，仍有一些群众对露天焚烧问题不以为然，给大气污染治理带来很多副作用。又如，燃煤污染复杂多样，十分恶劣，对个人、家庭和他人伤害力极大。近年来，国家和各地政府投入巨资，开展气代煤、电代煤工程，很好地保障了公众冬季取暖和日常生活的需要。但仍有一些家庭，因贪图节省几十元、几百元的小利益，偷偷购买散煤取暖做饭，给大气污染治理成果带来伤害的同时，也使自身的健康利益受到伤害。如果上述能管、能治、能控的污染源，得到有效治理与管控，那么其成果与企业的污染治理成果相得益彰，大气环境质量一定会持续改善。

应对不利气象条件，防止重污染形成，你参与了吗？在我们生活的地球和空间，彻底消灭污染物是不可能的。但是，努力减轻污染物的积累，让我们生活的地球和空间更加干净，特别是在不利于污染物扩散的气象条件下，最大限度地减少污染物的积累，减轻对人身的伤害，应是我们不懈追求的目标，也是我们人为能够做到的事情。现实中，当秋冬季大雾弥漫，污染物难以扩散；夏季艳阳暴晒，极利于臭氧污染生成的时候，为了防止重度污染的形成，保护公众健康，各地政府都会及时发布重污染天气应急响应和臭氧污染预警。按照国家和地方相关法律法规的要求，企业应按绩效分级的要求，停限产减排，对公众车辆实施限号行驶，对重污染车辆限行上路。但每当这个时候，各地就会出现一些有违应急响应要求的问题和现象。如有的企业负责人，自己虽为公众的一分子，但十分漠视公众的健康利益，在应急响应时，拒不执行相关应急举措，违法排污、不正常使用污染治理设施，甚至出现监测数据造假等严重违法违规行为；再如，有的人只期待他人应急减排，而自己却违规开车上路、偷烧劣质散煤。

习近平总书记在“致 2022 年六五环境日国家主场活动的贺信”中指出，“全党全国要保持加强生态文明建设的战略定力，着力推动经济社会发展全面绿色转型，统筹污染治理、生态保护、应对气候变化，努力建设人与自然和谐共生的美丽中国”“希望全社会行动起来，做生态文明理念的积极传播者和模范践行者，身体力行、真抓实干，为子孙后代留下天蓝、地绿、水清的美丽家园”。

践行习近平生态文明思想，全社会笃行不怠、踔厉前行，深入打好“十四五”大气污染防治攻坚战，每个公众成员，都有责任、有义务，更应该有担当、有贡献。企业有治理污染大头的不可推卸责任；公众也有从生活小污染源自管、自治、自控做起的责任和义务。既不能把大气污染的责任全都推到企业头上，也不能忽略公众自身“善小而为”的大作用。只有全社会每个成员都把治理大气污染看成自己的事、自家的事，才能形成和保持全社会命运相连、共同向污染宣战的强大洪流和声势；才能让“气象影响型”背景下“持续暴晒、极端恶劣、前所未有、不降反升”的局面不再反复；才能使我们的生活在不断提质的获得感、幸福感、安全感前提下变得更加多彩多姿。

57

臭氧污染治理要真正落实精准要求

载于2022年6月27日中国环境App

进入夏季，臭氧污染治理又进入了攻坚期。近年来，频频出现的长时间、大范围、高浓度的区域性臭氧污染问题，已成为制约很多城市空气质量实现根本改善的关键因素。综观近年京津冀及周边地区大气污染防治情况，结合臭氧污染防治经历，笔者发现，在落实污染治理问题、时间、区域、对象、措施“五个精准”要求的过程中仍然存在粗枝大叶、有表无里的现象，在落实上打了折扣。其表现是，一些城市对本地的大气污染物排放总量不真知底数，对已实施的治理措施不真明成效，对所采取的防控举措不真清其理，对相关的执法管控不能持之以恒抓落实，这就使臭氧污染防控走进了年复一年难以真正精准落实的怪圈。

基层管理人员和业内人士时常如同“摸着石头过河”般做臭氧污染防治工作。在当前的研究水平下，一些地方对臭氧污染成因、来源及防控策略认知仍有不足，对臭氧污染防治的复杂性、长期性和艰巨性还没有足够的思想准备，导致臭氧污染防治工作仍然存在机制模糊、措施偏颇、防控成效欠佳的问题。在认识臭氧污染演变规律、形成机制、采取有效的防控策略等方面，迫切需要较为完整的理论体系作支撑，推动大气臭氧污染精准防治尽快走出困境。

一是深挖减排明细底账，努力减少臭氧前体物的排放。深入挖掘减排潜力是解决臭氧污染防治“最后一公里”问题、确保臭氧污染防治成效的重要举措。一些地方在落实“五个精准”治理的实践中，之所以成效有限，根本原因在于没有把污染问题在哪里、污染对象都有谁、污染总量有多大等真正搞清楚。有的地方抱着几年前的污染源清单干现在的活儿；有的地方存在大量社会无组织排放污染源尚未纳入防治、防控的“大盘子”；有的地方对“两高”项目污染治理成效没有做过减排绩效评估，因此遮遮掩掩；还有的地方为了完成GDP目标，对企业环评、监测、监控等弄虚作假问题“睁一只眼闭一只眼”。在这样的背景下制定出的臭氧污染精准防控方案就在精准上打了折扣。因此，必须首先从臭氧污染精准防控方案入手，深挖、实挖本地污染源底数，真治、实治污染源头，真控、实控不利气象条件，进行污染源减排。通过真正把本地污染问题搞清楚，把污染对象摸清楚，把防治防控方案定实在，为 $PM_{2.5}$ 与臭氧污染协同防控提供切实可靠的底账。

二是强化管控措施真落实，努力克服不落实、落实不到位问题。近年来，中央生态环境保护督察多次发现应急响应管控措施不到位的“假落实、软落实”问题。有的地方无论是秋冬季重污染天气防控，还是夏季臭氧污染防控，相关方案的措施举措都制定得井井有条，但落实到防控成效结果上，往往防控不力、成效不大。原因主要是有的地方在防控措施落实上避重就轻、缺斤短两；一些区域协同实施联合防控臭氧污染，但协同防控的成效往往意外失守，细查原因，是在落实防控措施上“要花活儿”、打了地方保护主义“小九九”。如果放任上述问题长期存在，走不出 $PM_{2.5}$ 和臭氧污染防控措施“假落实、软落实”的怪圈，从全局上圆满完成“十四五”大气污染治理目标任务就会受到一定影响。因此，各地应增强大局意识、落实意识和求真务实意识，在落实应急管控措施上动真格、用实劲、防私心、求实效。

三是常态打假惩假，摆脱弄虚作假问题。在生态环境部 2022 年重点区域空气质量改善夏季监督帮扶中发现，企业在监测数据和污染治理设施上故意造假、第三方机构为谋私利配合造假等问题屡屡曝光。日常监测数据不真实、不稳定，不仅导致空气质量持续改善受冲击、受干扰，而且直接导致臭氧防控举措失算、失态，污染问题屡屡发生。其症结在于有的企业谋私思想过重、部门监管失力、对造假问题打击不够。对此，相关部门要树立正确的政绩观和履职观，认真对待每个数据。对第三方机构，不能用信任代替监督，要提高监管的主动性和积极性，不断拓宽监管渠道、强化监督力度。不同部门在履行生态环境保护职责过程中，要形成监管合力，强化监督力度。各地要从常态化打假、治假、惩假做起，认真解决企业不遵法不守法问题，严防出现因造假导致的环境问题。

58

拿什么向违法排污说“不”？

载于 2022 年 7 月《瞭望中国》新媒体、《瞭望·观察与思考》

近日，某地环境监测和执法人员，在执行巡航监测时，连续数日在某企业边界发现有氮氧化物异常高值现象。入企检查发现，是该企业污染治理设施发生了故障，但并没有及时检修。当执法人员向该企业询问为什么不及时检修时，管理人员毫不隐讳地说：“和第三方服务单位联系了，他们没有及时来修复。反正现在是保复产复工，治污设施是自己坏的，也不是故意排污，不够处罚条件，所以没太在意。”

笔者调查发现，类似上述的在治污设施不能正常运行和在线监测数值时常出现打“擦边球”等问题时，企业放松管理，依旧照常生产的现象，在有的地方表现比较突出。原因在哪里？

在新冠肺炎疫情之下，很多地方落实上级稳经济大盘要求，出台了“一揽子”服务经济高质量发展的保障举措。其中，有的地方提出，对企业轻微、首次违法不罚和“非故意”环境违法行为“零处罚”。这本来是政府和环境执法部门在疫情背景下，服务企业高质量发展、稳经济大盘的优待政策，但这个“好经”被有的企业念歪了。把相关优待政策变成了放松自我管理、自我约束的违法排污护身符。由此导致有的地方大气污染出现不降反升等问题。

轻微、首次、非故意环境违法行为，在疫情特殊背景下，有政策支持可以不处罚，企业是不是就可以放任？生态环境执法人员应该拿什么向经常出现环境违法排污行为的企业说“不”呢？笔者有以下 3 点建议。

一是拿法规要求说“不”。近年来，国家和地方相继建立健全了对环境违法排污行为监管、认定和处罚的法律法规，对不同行业企业的污染排放标准也十分明确。无论是在疫情之下，还是有其他什么特殊情况发生，法律法规和政策要求、技术标准，都应该是不可逾越的红线和底线。在连续 3 年的疫情背景下，各地针对有些企业治污设施低端等问题一时难以解决的现状，出台了相关政策，对轻微、首次、非故意违法排污问题，不实施处罚，而是通过帮扶，深度解决污染问题。这不仅有力支持了复产复工，稳经济大盘，而且较好感化和激励了众多企业守法经营、深度治污的积极性。由此可见，国家和地方为应对疫情等特殊情况，所出台的临时性优待政策是科学、合理、可行的。优待并不等于不按法规要求办事，而是阶段性政策安排。因此，在实际工作中，各级执法部门和执法人员，要通过积极、深入、广泛宣传，理性引导企业，在充分享受相关优待政策过程中，一定要自觉落实生态环境保护相关法规政策和技术要求，绝不能误解优待的尺度和分寸，拿优待政策当违法排污的变通依据，做违法排污的“护身符”；要引导企业尽最大可能强化企业管理，严防严控各种违法排污问题的发生，主动做到不打优待政策“擦边球”，不拿优待政策当违法排污“挡箭牌”。

二是拿民生健康说“不”。确保经济平稳发展是民生大事，保护公众健康同样是民生大事。近年来，国家把污染治理作为“三大攻坚战”一战，强力开展污染治理行动，使生态环境实现历史性巨变，广大群众的生态环境获得感、幸福感、安全感不断增强。持续改善生态环境质量，深入打好污染防治攻坚战，是“十四五”时期毫不动摇的目标方向。疫情之下，各地在出台相关服务经济高质量发展、稳经济大盘政策措施时，既要着眼帮企业纾困解难、精准施策，也要着眼确保污染治理方向不变、力度不减的定力，提出精准治污要求，防止顾此失彼。一定要坚定做到保经济与保生态环境“两手抓”，“两手硬”。当遇有企业不能正确处理好复产复工与守法排污矛盾时，各职能部门和生态环境执法人员不仅要拿法规说话，敢于亮“剑”说“不”，还要引导企业充分认清违法排污对公众健康利益的伤害，用公众对更高质量生态环境的热切期盼，感化和激发企业的社会责任感；用公众监督、媒体监督的社会约束力，推促企业守法经营，努力减少污染排放。

三是拿企业前途说“不”。在疫情背景之下出台的相关优待政策，也是有尺度和有很强严肃性的。对首次、轻微和非故意违法行为不实施处罚，并不是对屡犯、严重和打“擦边球”的故意环境违法行为听之任之。在实行相关优待政策期间，每家企业表现怎么样、出现过多少次违法排污问题，不仅执法部门有记录、有台账，还会通过企业信息公开，让社会公众心中有一本账。企业的违法排污账，不但关乎企业的公众形象，而且直接影响企业未来发展。伴随企业守法经营情况直接与社会信用、企业信贷、企业绩效分级评定、获取排污权和申请污染治理资金奖补等利益直接挂钩，企业有屡犯、严重和故意违法排污记录的，会直接影响对未来实际利益的取舍。被列入守法“白名单”的企业，在申请获取相关利益时，一定会是一路绿灯，受到优待。而被列入违法“黑名单”和守法不良记录的企业，不仅会在获得相关利益时处处受阻，还会留下不好的名声，使未来的高质量发展受到制约。笔者认为，如果各地执法人员在实际工作中，把违法排污问题与企业未来发展的前途、命运所具有的必然联系讲清楚、说明白，企业一定会站位有效保护自身发展权益、可得利益和为社会尽责的层面，形成最大系数的守法经营、治理污染的行动自觉。

总之，在任何时候、任何情况下，任何形式的违法排污行为，都是法律法规所不能允许的，也是广大人民群众不满意、不答应的。因此，企业守法经营既要做到全天候，又要做到先得利、后回报、真治污；生态环境执法既要做到对企业真心帮、实在帮、帮到位，又要做到对违法排污零容忍、敢说“不”、会说“不”。通过企业常态化的严格守法和生态环境的科学、精准、严肃执法，踔厉谋求“十四五”经济社会和生态环境高质量发展目标的同步实现。

59

运用排污权杠杆助力治污与高质量发展踔厉同行

刊于 2022 年 7 月 11 日《中国环境报》3 版

继 2021 年 7 月 16 日全国碳排放权交易在上海环境能源交易所正式启动，2022 年 6 月 7 日河北省排污权交易市场也鸣锣开市，并举行了首批排污权市场交易。

碳交易与排污权交易是“异曲同工”的绿色发展新业态，与 2021 年诞生的国家《排污许可管理条例》同步应运而生。

在碳达峰、碳中和背景之下，现有企业可以正常生产的前提和一家新企业的诞生，排污许可是关键一环。得到了排污许可证，才会有排污的权力。排污许可证是随便发的吗？当然不是。发证的前提条件是要得到定量的污染物排放指标。这个指标从哪里来？于是有了“排污权政府储备”这个新名词。表面看来，这只是个新名词，实际上，它响当当、硬邦邦地成了企业诞生、生存和高质量发展的坚强根基和根本支柱。

国家实施排污许可证制度，是从源头减污降碳，控制污染源排放总量的良方大计；是为“双碳”目标实现铺路、搭桥、驱障的良策；是持续打好打赢大气、水、土壤三大污染防治攻坚战的坚强保障。

当污染排放指标进入可买可卖的“特殊商品”时代，很多人误认为是企业发展受到了限制，实际上并非如此。排污许可证和排污权政府储备策略的实施，实际上是通过市场化排污权分配、交易，为无序、无组织的污染排放带上了限制、限额的“紧箍咒”。同时也是为市场主体在法治背景下的健康发展和污染防治开辟了踔厉同行、向高质量推进的新途径、新通道。

笔者注意到，在新华社的相关报道中，列举有 3 个新建项目和 3 家原有企业，共有 6 家企业，通过采用电子竞价方式，分别取得了二氧化硫、氮氧化物排污权指标，成交金额总计达到 2 383 万余元。也就是说，这 6 家企业，通过市场交易得到了相应的污染排放指标，有了排污权。笔者还注意到，这 6 家企业全部都是廊坊市域内企业。

笔者了解到，在河北省排污权交易市场首批获得相应排污权指标的 6 家企业，之所以都集中在廊坊市，并不是河北省给廊坊市开了什么“绿灯”，而是廊坊市适应大势、深谋远虑，在全省首个率先开展了排污权政府储备试点工作，制定印发了全省第一份排污权储备管理地方规范性文件——《廊坊市排污权储备和出让管理暂行办法》。廊坊市累积的减排量，全部以政府无偿回收的方式收储，并对符合回购、回储条件的排污权指标，做到了应收尽收、应储尽储，为全市重点产业项目建设留足了总量指标。

为市场主体稳定发展、为新企业诞生攒足了排污权后劲的廊坊市，在新冠肺炎疫情背景之下，让相关企业充分享受到了释放排污权政府储备红利的“甜果”。据不完全统计，仅自 2021 年以来，该市就为域内 138 家战略新兴产业、高端装备先进制造业、科技转化等重大市场实体产业项目提供了二氧化硫 392 吨、氮氧化物 870 吨、化学需氧量 241 吨、氨氮 20 吨的排污权储备指标，有力保障了“十四五”开局之际重大建设项目顺利落地，破解了项目建设要素制约。

排污，你有这个权吗？这是现实工作中，各地政府和相关管理、执法部门，在依法行政中，时常向企业发问的一句话。在当今，运用排污权指标杠杆，助力治污和经济社会高质量发展的新形势、新业态背景之下，通过廊坊市运用排污权政府储备所做工作的经验，笔者倒觉得，作为政府和相关管理、执法部门，在向相关企业发问“是否有排污权”前，应该从 3 个方面做好自己应该做的工作。

一是运用排污权的法规约束作用，尽快建立健全排污权政府储备制度。优化生态环境资源市场配置，不仅是建立全国统一大市所需，也是各地治理污染、控污降碳所迫。因此，认真部署、扎实推进，强化排污权储备制度建设，已成为保障排污权指标合理、合法分配和交易的有力保障和先决条件。只有扎实规范好排污权政府储备、管理、使用工作程序，建立健全排污权储备管理台账，构建区域上下联动、密切配合的工作环境，才能使排污权指标供给合法、合规；才能使排污权交易实现良性运行；才能使重点污染物排放指标额度规范运行在环境可承载能力内；才能使发出的排污许可证有效实现管理制约作用，推促政府排污权储备工作真正实现科学化、规范化、公开化。

二是运用排污权的激励引领作用，深入推进市场主体污染治理。当前，污染治理正处于“十四五”开局深入打好污染防治攻坚战爬坡过坎、滚石上山的关键时期，很多区域、很多企业的污染深度治理还需要精准、科学、依法持续攻坚、深度攻坚。充分运用排污权指标的分配、交易激励作用，引导市场主体自觉自愿地开展污染治理行动迫在眉睫。在实际工作中，各地要通过把有限的污染物排放指标权，优先向治污先行企业、先进企业倾斜，给非高污染、高排放新生企业开“绿灯”、开“小灶”，给“两高”企业和经常违法企业得到排污权指标设高门槛等举措，引领市场主体认清形势、认清责任、认清绿色发展、高质量发展新目标，以此推进企业不断提升生态环境绩效等级，使污染治理变成自觉行动、主动行动、攻坚行动。

三是运用排污权的开发保障作用，支持经济发展良性运行。实施排污许可证制度，目的在于推进经济社会高质量发展，而不是制约企业的发展。因此，做好排污权指标政府储备工作，责任重大。各地生态环境保护等相关部门，作为当地政府做好排污权指标政府储备、分配和交易工作的主体责任单位，要充分借鉴上海市、廊坊市等相关先行试点经验，把储备好、保障好市场主体对排污权指标所需，作为保障当地上项目、上工程、保大盘、促发展的重要基础工程。要通过充分挖掘淘汰企业新增排污权和鼓励企业转让闲置排污权等举措，将各种可能的排污权指标应储尽储、应收尽收，并适时投放到交易市场，确保绿色发展和新生市场主体在有需求的情况下，应帮尽帮、应给供给；确保有限的排污权指标得到高效能运用；确保合法、合规的市场主体，不因正常的排污权指标限制受影响。同时，还要扎实做好宣传倡导活动，鼓励市场主体，珍惜每一微克的排污权，着眼持续改善生态环境质量大局，积极为减污降碳、节能减排、污染治理做贡献、尽责任。

60

能让蓝天白云变黑点儿吗?

载于 2022 年 6 月 21 日《瞭望中国》新媒体、《瞭望·观察与思考》

6 月的一天，小外孙女未未突然一手拉着我的裤腿，一手指着烈日当头的太阳，稚声稚气地问：“能让蓝天白云变得再黑一点儿吗？”我顿感疑惑地反问：“为什么要让蓝天白云变得黑一点儿呢？”未未答道：“刚才妈妈说，今天臭氧污染很厉害，不让我出去和小朋友玩。她还说，臭氧污染是因为蓝天太透亮了，太阳照得太厉害了才形成的，很害人的。”听了未未的话，我内心顿生酸楚。盼了多年的蓝天白云，好不容易回来了，咋就成了小朋友心中臭氧污染的祸首了呢？

其实，未未妈妈和孩子讲的话一点儿不假。按臭氧污染形成的机制分析，臭氧就是 VOCs 和氮氧化物两种污染物质，在高温低湿气象条件作用之下，产生二次化学反应，生成的二次污染物。臭氧污染对人体健康伤害确实很大，但现实的污染排放，在与先天的气象条件背景形成自然“婚配”后生成的臭氧“怪胎”，也确实是难控难防。公众对臭氧污染形成机制和防范知识的认知，无疑是一件好事，但“未未们”提出的让蓝天白云变黑一点的愿望，也无疑是一条万万不能走的“回头路”。

2022 年 4 月至 6 月，全国多地臭氧污染同比有所加剧，因臭氧污染损失的优良天和连续出现的中、重度污染，同比 2021 年第二季度，有多个城市超过 10 天，空气质量同比出现较大不利反差。很多网民虽然没有像未未小朋友一样提出“能让蓝天白云变黑点儿吗？”的质问，但在重重疑惑中，也发出了许多疑问：大气重污染为何时常卷土重来，反复无常？持续改善和保持大气污染防治成果，是靠“天帮忙”，还是靠“人努力”？气象条件因素对空气质量的“好”与“孬”影响到底有多大？

目前，笔者和业内专家探求网民所提相关话题，有专家感叹：“气象因素对空气质量影响太大了，尤其是臭氧污染，更是防不胜防。”6 月中旬有那么两天，河北省中部有两个城市，本来气象预报是东北风，而且是雨后半阴天，研判的空气质量为良。但万万没想到，午后风向突变东南，直接把上风向城市已形成的臭氧“成品”吹来，并持续 8 小时以上，最终导致这两个城市形成臭氧轻度污染日。

类似前述因气象因素影响所导致的研判失误，近年来，在大气污染防治工作中不属个例。特别是夏季，一些城市气象条件受风场作用，朝换夕变，给污染管控带来很多新课题、新考验。

国家“十四五”深入打好大气污染防治攻坚战相关文件明确指出，“十三五”之前的8年大气污染防治攻坚战，历史性地改变了大气重污染多发、频发疾患，但其改善成果仍处于“气象影响型”之下的不稳定状态。“十四五”大气环境质量深度改善，仍处于滚石上山、爬坡过坎的艰难阶段。业外人士可能不完全理解这几句话是什么意思。业内人士都明白，这句话的关键字眼是“气象影响型”。

“气象影响型”指的是空气质量的持续改善和改善成果的持续保持，难以摆脱气象因素的影响和制约。气象条件的利弊，直接影响空气质量的“好”与“孬”。

气象条件因素到底与污染轻重有什么直接关系？多年治污实践表明，气象条件是否有利于污染物扩散，往往决定一个城市、一个区域污染积累的轻重程度。例如，冬季大雾天气状态下，极不利于污染物扩散，雾越大、持续的时间越长，$PM_{2.5}$污染就会愈发加重；冬季的艳阳高照、风和日丽十分有利于污染物扩散，因此得到的优良天也就越多。但反之，到了夏季，天空越是透亮、阳光越是明媚、温度越是高升，倒是成了臭氧污染形成的“天赐良机”。导致臭氧污染日加重增多，因此损失的优良天也就更多；很多人都知道，风大有利于$PM_{2.5}$污染物扩散，也有利于臭氧污染防控，但同时，因大风可卷起“飞沙走石”，也可导致PM_{10}污染加剧，甚至在秋、春两季，还时常出现沙尘暴，同样得不到优良天；有时，一些高污染、高排放的企业十分集中的地方，其一两家大企业的污染排放量顶得上周边一个低排放城市全社会的排放总量。因为气象条件有利有弊，所以污染物飘来飘去，时常形成本地污染不显重，但导致周边城市形成重度污染现实。污染大头起源于谁，现有的科技监测技术完全可以说清表明，但由于缺乏对气象因素的客观认知、科学运用，也时常出现在考核讲评中“鞭打好牛”和重污染城市“带污过关”“带病过年”的现象。

那么，气象因素条件对空气质量“好”与“孬”所起到的如此巨大的影响作用，是不是可以认定为“气象决定型”呢？答案必然是否定的。无论气象条件有多么不利，如果没有大量的污染源存在，污染程度肯定就不会那么严重，空气质量肯定就没有那么坏。失去了后天污染源存在的大气环境，即使遇有再极端不利的气象条件，也会失去形成大气严重污染的机会。由此可见，气象条件是形成重度污染的客观因素，污染物才是主观原因。但现实的污染排放，不会在短期内实现根本消除，而有利于污染物积累的冬季大雾天和有利于臭氧污染形成的夏季高温天并重存在的现实，也是眼前不可逆转的。因此，面对现实，我们只有客观承认和客观认知气象因素的不利影响，才能更加科学、理性地把握好治理与防控、深入与持续、管理与攻坚的工作尺度，精准推进深入打好“十四五”

大气污染防治攻坚战的各项工作。

着眼现实情况，目前，通过《中国环境报》笔者阐述的一些实践观点，笔者认为，客观认知气象因素不利影响，对深度实施大气污染精准治理有很多好处，限于文稿篇幅，本文只讲其中两点。

客观认知气象条件因素影响，可以激发地方政府和企业深度治污的积极性、主动性。如前所述，气象条件是人为不能改变的。但逐步减少污染物排放，是人为可以做到的。通过近年的大气污染防治攻坚行动，到“十三五”末，污染总量多数城市减少了一半以上。但是，现实中，很多地方存在的高污染、高排放行业的污染治理问题，依然没有得到根本性解决。这正是在不利气象条件影响下，多地还时常出现重污染的根由。为什么有污不治？为什么治理缓慢？根源就在于一些地方、一些企业还没有真正认知不利气象因素对大气污染防治工作影响的长期性、复杂性和艰巨性。思想认识还停留在“依赖风天治污染、盘算治污攻坚松口气”的侥幸状态。因此导致治污的决心和信心不足、定力和耐力不稳、求本和求效的思路变异。深入打好“十四五”大气污染防治攻坚战，实现空气质量持续、稳定好转和基本消除重污染天气目标，各地和企业在客观认知不利气象因素长期存在的现实后，就会主动、理性地梳理存在的污染问题，把克服不利气象因素对大气环境影响的根定在污染源的深度治理和根本治理上。扭转各种等、靠、看消极因素，按照已确定的攻坚路线图、时间表，尽快实现本地和本企业的污染攻坚目标，为抗拒不利气象条件的影响，争取更多的优良天、基本消除重污染天气做贡献。

客观认知气象条件的影响，可以更好地化解社会矛盾、公众疑惑。为了应对秋冬季 $PM_{2.5}$ 污染聚积和夏季臭氧污染多发频发，国家和地方均出台了应对不利气象条件的相关治理和应急管控举措。如停产限产、控车减煤等举措的实施，不仅有效减轻了不利气象条件下的污染程度，而且有力保障了公众的健康利益，这无疑是科学应对不利气象条件的好办法。但是，停产限产、控车减煤等也给企业正常生产和公众出行、生活保障等带来了一时的损失和不便，由此还引发一些不和谐音符。持续改善空气质量，本来是民生好事，但为什么所采取的相关举措，引发出“弦外之音”呢？根据笔者的调查，很多公众对一年四季气象条件不断变化与污染问题时常出现反复的根由不清楚、不明白有直接关系。盼望有好的空气来呼吸，是大众同盼。但是防治污染、应急管控一旦涉及个人和企业实际利益，就会有不同声音。但可以肯定的是，一旦广大公众真正认知了气象条件对空气质量改善所产生的直接影响后，公众和企业一定会站位自身和亲人健康利益角度，去理性地对待和处置不利气象条件下，为减轻污染所采取的各项相关应急举措，主动配合政府和相关部门落实好各项管控措施。近年来，各地出现的污染企业主动退城搬迁、环保志愿者队伍不断壮大和应急天公众主动绿色出行等现象，都用事实证明了，客观认知气象条件的影响，不仅有利于激发公众的广泛参与，而且有利于化解现实矛盾。

总之，推进大气污染防治工作深度开展，一定要客观认知和尊重“气象影响型”现实，立足深度治理、长期推进，牢固树立打持久战思想，通过创新举措、攻坚克难、解决问题，持续改善空气质量，绝不能让蓝天白云再度变黑失色，让“未未们”“网民们”“公众们”在蓝天白云之下，解疑破惑，倾心享受更高水平的蓝天获得感、幸福感、安全感。

1

让市民在获得美好环境中感受幸福（上）

——《廊坊日报》就大气污染五年攻坚行动专访市大气办副主任李春元

刊于 2018 年 1 月 17 日《廊坊日报》4 版整版　吕新颖 陈正 刘艳芳 卢艳丽

让人民群众享受美好环境，不断满足人民群众对美好生活的新需要，是党的十八大以来廊坊市委、市政府孜孜不倦的追求。廊坊市坚持把实现好、维护好、发展好最广大人民的根本利益作为发展的根本目的，而优美清新的环境正是提升群众获得感的源头活水。2017 年是国家贯彻“大气十条”第一个五年行动计划的收官之年，2018 年是深度落实党的十九大精神、承前启后再奋战、持续打赢蓝天保卫战的新一轮作战的开局之年。围绕 5 年来廊坊市大气污染防治工作与追求公众健康利益取得的显著成绩和面向新时代、新目标，如何取得大气污染防治新胜利等话题，日前，记者专访了廊坊市大气办副主任李春元。本报将以《让市民在获得美好环境中感受幸福》为题，通过上、中、下 3 篇报道，回顾廊坊市 5 年来的治霾历程，介绍 5 年来廊坊市治霾的成果经验和面向未来的工作方向。

问：5 年来，廊坊市蓝天保卫战取得了什么成果？

答：2013—2017 年，廊坊市空气质量达标天数显著增加，各区域 $PM_{2.5}$ 年均浓度逐年下降，主要污染物年均浓度显著下降，尤其是 2017 年，成绩十分显著。2017 年廊坊市达标天数为 214 天，$PM_{2.5}$ 年平均浓度为 60 μg/m^3，较上年同比下降了 9.1%；较 2013 年的 110 μg/m^3 下降了 50 μg/m^3，降幅达到 45.5%，完成了国家“大气十条”下达的 62 μg/m^3 左右的目标。在《关于通报京津冀大气污染传输通道城市 2017 年 10—12 月环境空气质量有关情况的函》中，“2+26”城市 $PM_{2.5}$ 平均浓度数据显示，平均浓度较低的前 3 位城市依次是北京市、廊坊市和天津市；从改善幅度来看，降幅排名前三的城市依次为石家庄市、北京市和廊坊市，分别下降了 54.8%、53.8%和 45.5%。可以说，廊坊市治霾攻坚 5 年，取得了很好的战绩，对此，大家都很关注。作为基层一线落实实际举措的工作者，这 5 年的感受可以用“5 个让”——让人振奋、让人回味、让人欣慰、让人惊叹、让人充满信心来形容。

问：5 年，也是让人振奋的 5 年，您觉得“振奋”主要体现在哪几个方面？

答：让人振奋有两个方面。从中央层面来讲，“让人振奋”体现在以习近平同志为核心的党中央，始终如一坚定倡导“绿水青山就是金山银山”重要思想和习近平新时代中国特色社会主义思想，引导全国人民，在中国共产党的领导下，向污染宣战，维护中国人民的环境、健康权益。党中央从开始的“要打好大气污染攻坚战”，到后来的“打赢大气污染攻坚战”，再到中央经济工作会议提出的“重点是打赢大气污染攻坚战”，可见对绿色发展的理念，对大气污染防治的重视程度，是不断加力、不断提升、不断按人民的意愿决策。

党的十八大以后，生态文明建设被提高到“实现中华民族的伟大复兴”的高度。人民的期望就是我们的工作目标和奋斗方向。国务院在 2013 年 9 月发布《大气污染防治行动计划》，又称“大气十条”。在“大气十条”和 2016 年 6 月环保部与北京市、天津市、河北省联合印发的《京津冀大气污染防治强化措施（2016—2017 年）》的基础上，2017 年 2 月 17 日，环保部、发展改革委、财政部、能源局四部委又联合北京、天津、河北、山西、山东、河南 6 省（市）印发了《京津冀及周边地区 2017 年大气污染防治工作方案》，将京津冀大气污染传输通道城市增至 28 个（“2+26”城市），对 28 个城市提出了非常具体而严格的大气治理要求。2017 年 8 月 18 日，环保部、发展改革委、工信部、公安部、财政部、住房和城乡建设部、交通运输部、工商总局、质检总局、能源局十部委和 6 省（市）再次发布更为细致和严厉的《京津冀及周边地区 2017—2018 年冬季大气污染综合治理攻坚行动方案》。

2017 年，为了切实推动解决大气污染防治突出问题和薄弱环节，环保部从全国抽调 5 600 名环境执法人员，对“2+26”城市开展为期 1 年的大气污染防治强化督察，这也是系列超常规手段中的一环。在 4 月 5 日环保部对媒体的通报中，称该次督察为“环境保护有史以来，国家层面直接组织的最大规模行动”。所以，我们可以从一系列重要论述中发现，治霾工作已经从原来的环保部门单打独斗，到后来的几部委联合上阵，再到后来的发动全社会围绕“打好”“打赢”“重点打赢”蓝天保卫战做了大量务实的工作。

作为大气污染防治“2+26”传输通道城市中的“1+2”核心城市，打造天蓝、地绿、水净、空气清洁的美好廊坊市，也是市委、市政府对人民的庄严承诺。正是靠着全市人民的孜孜以求和领导班子的一以贯之，廊坊市在发展中保护环境、在保护环境中推进发展，环境保护和治理工作取得实效，探索出了有效经验。廊坊市坚决贯彻落实国家、省的总体部署和要求，把大气污染防治工作作为重大民生工程和政治任务，始终如一、坚定不懈地贯彻习近平总书记“绿水青山就是金山银山”的重要思想，举全市之力向污染宣战，才取得了5年来大气污染防治工作的巨大成果。

5年攻坚　廊坊成绩十分突出

5年来，廊坊市在落实燃煤污染治理、取缔各类燃煤锅炉、取缔黄标车、控车抑尘、推进“散乱污”企业转型升级、防治臭氧污染、科学应对重污染天气应急响应等重点工作上，尤其在去产能和推进企业转型、产业转型、区域转型上，下了硬功夫、细功夫、真功夫。2013—2017年廊坊市重点工作成绩非常突出。

在落后产能淘汰方面，2013—2017年累计淘汰落后及化解过剩水泥产能1 747万吨，平板玻璃400万重量箱（2013年淘汰平板玻璃70万重量箱；2014年淘汰落后及化解过剩水泥产能1 747万吨，平板玻璃330万重量箱）。压减、退出钢铁产能共涉及廊坊市3家钢铁企业，共压减炼铁产能775万吨，炼钢产能642万吨，超额完成了河北省下达的目标任务。其中，文安县新钢钢铁有限公司，压减炼钢产能72万吨、炼铁产能63万吨；霸州市新利钢铁有限公司，压减、退出炼铁产能374万吨，退出炼钢产能270万吨；河北前进钢铁集团有限公司，压减、退出炼铁产能338万吨，压减、退出炼钢产能300万吨。

在“散乱污”治理方面，全市共筛出台账内“散乱污”企业12 003家，全部完成整治，其中关停取缔10 630家，占总数的88.6%；整改提升1 373家，占总数的11.4%。

在煤炭削减方面，廊坊市2014年、2015年、2016年分别削减煤炭21万吨、61.81万吨、89.25万吨。2017年，河北省下达廊坊市煤炭削减任务30万吨，1—10月，廊坊市规上工业煤炭消费331.98万吨，比2016年同期减少65.34万吨；煤炭工程削减量完成344.22万吨。

在散煤清洁化治理方面，2013—2016年，全市投产运营型煤厂11家，型煤保供能力达到100万吨以上；累计推广型煤47.87万吨，推广高效清洁燃烧炉具（节能环保炉具）170 543户，推广神华清洁煤151.7万吨。

在燃煤小锅炉淘汰及提标改造方面，2013—2017年，廊坊市共计淘汰燃煤小锅炉9 285台15 185.53蒸吨，其中2013年淘汰446台850.26蒸吨；2014年淘汰782台1 201.06蒸吨；2015年淘汰1 869台3 601.71蒸吨；2016年淘汰2 013台2 505蒸吨；2017年淘汰4 175台7 027.5蒸吨；完成76台，4 203蒸吨燃煤锅炉脱硫、除尘改造（目标任务：1台40蒸吨燃煤锅炉脱硫治理，1台35蒸吨燃煤锅炉除尘治理）。

在VOCs企业治理方面，2013—2017年，廊坊市完成VOCs治理企业216家。其中2013年廊坊市制定了全市重点行业挥发性有机物综合整治方案。2014年完成34家，2015年完成24家。2016年河北省下达廊坊市重点治理企业131家，2017年43家（其中有16家已被列为2016年省重点），2016—2017年共计158家企业被列为省重点治理企业，已全部完成治理。

在油品和油气回收方面，全市595座加油站中，合计完成油气回收治理521座，停止销售运营33座、柴油销售站41座（无须油气回收治理）；全市7座储油库中，合计完成油气回收治理5座，停止销售运营2座；105辆油罐车中，合计完成油气回收治理65辆，退出汽油运输市场40辆。

在渣土车扬尘污染管控方面，廊坊市取得《城市建筑垃圾经营性运输资质证》的企业有11家，改装和新购符合北京市标准的渣土车共计419台，其中改装117台，新购302台。

在黄标车与老旧车淘汰方面，2013—2015年廊坊市共淘汰158 944辆黄标车，其中2013年淘汰了62 729辆，2014年淘汰了65 889辆，2015年淘汰了30 326辆。截至2015年，廊坊市已全部完成了省下达的黄标车淘汰任务。2017年河北省下达廊坊市的老旧车淘汰任务为4 231辆，已全部完成。

在新能源车推广方面，截至2015年年底，廊坊市累计推广新能源汽车2 110辆，客车1 806辆，乘用车304辆。2016年推广的新能源汽车折合1 339个标准车指标。2017年推广的新能源汽车折合标准车4 275辆。

廊坊治霾做出了一个好样子

作为全国距首都最近的地级市，自2013年以来，廊坊市在大气污染防治工作中，不断树立强烈的政治意识、大局意识、核心意识、看齐意识。以凤凰涅槃、浴火重生的决心治理“散乱污”，从源头上减轻区域污染，坚定走生态优先、绿色发展之路，坚定打造良好生态决心，坚定打赢蓝天保卫战信心。不断提升协同治霾成效，为京津冀协同治霾探索了有益经验，为维护首都环境安全做出了贡献。

一是站位高、决心大。环保部把廊坊市确定为大气污染防治“2+26”城市、“2+4”协作核心区、“1+2”核心城市。河北省委、省政府也要求廊坊市率先走出加快转型、绿色发展、跨越提升新路。廊坊市把打好蓝天保卫战作为必须完成的政治任务，作为未来发展的生命线，高起点提升认识，高标准谋划打赢策略，自我加压，负重奋进，不负众望。自2017年4月环保部对廊坊市督察以来，从最初要求整治脏乱差、到治理“散乱污”、到产业转型升级，最后确定把京津冀及周边地区“散乱污”企业整治暨秋冬季大气污染综合治理攻坚阶段总结现场会放在廊坊市召开，上上下下深感廊坊市有一股子自我牺牲、自我担当、自我探索、自我克难的精神和勇气。

二是重点突出、成果丰厚。2017年与2013年相比，廊坊市6项污染物的年均浓度除臭氧不降反升、NO_2持平外，主要污染物年均浓度均显著下降，SO_2、CO、PM_{10}、$PM_{2.5}$分别下降了69.6%、34.1%、44.6%、45.5%，其中SO_2下降幅度最大。2013—2017年，廊坊市空气质量达标天数显著增加，2013年的达标天数为132天，2017年的达标天数为 214 天，增加了 82 天。其中，1 级优天数从 2013 年的 2 天增加到 2017 年的 37 天，增加了 35 天。2013—2017 年，廊坊市空气重污染天数分别为 85 天、71 天、52 天、30 天、25 天，呈现逐年减少特征；重污染天数 5 年减少 60 天，重污染发生率明显降低。2013—2017 年，廊坊市各区域 $PM_{2.5}$ 浓度均逐年下降，且降幅显著；2017 年各区域浓度水平已经明显低于 2013 年，总体空间分布仍为南高北低特征，但南北浓度差距减小。2013—2017 年，累计淘汰燃煤锅炉 8 976 台 14 829.45 蒸吨（彻底拆除 3 832 台、改电 646 台、并网改造 238 台、改气 3 725 台、改生物质及其他方式 535 台），超额完成燃煤锅炉淘汰任务。

廊坊市深刻意识到，单纯就环境问题整治环境解决不了深层问题，要想达到中央倡导的生态文明建设要求，必须在新的文明观指引下，从“散乱污”治理入手，立足供给侧结构性改革，掀起一场企业转型、产业转型、区域转型的系统性革命。

以打造北方板材示范区为突破口，实现人造板产业破旧立新。文安县以壮士断腕的决心，敢于对违法违规企业亮剑，在仅仅 3 个多月里，关停整顿人造板生产企业 2 000 余家，取缔所有扒皮厂、粉料厂、劈板厂等原料加工厂 5 000 余家，淘汰所有燃煤锅炉 1 529 台。通过 3 轮筛选，将 1 735 家不具备整改条件企业纳入“散乱污”“两断三清”，237 家须整改企业 45 天内整改到位。政府搭台、企业唱戏，积极与中国林业科学研究院就建立木材工业技术研发中心签署协议，谋划建设国家级研发中心、质检中心，并根据企业需求量身定做提升方案，帮企业制定标准、更新技术、研发产品、改进流程，从低端产品向高端产品转型，全行业技术、工艺、流程大幅优化提升，目前正全力申报“国家级人造板产业示范园区”，金秋、大地、宜美康等一批品牌企业市场拓展、品牌提升，附加值和竞争力显著增强。

以严格标准和强力执法倒逼、促进保温建材、有色金属加工产业实现转型。大城县在全面调查摸底的基础上，制定了《有色金属加工和绝热节能材料行业专项整治工作实施方案》，从产业政策、环保手续、环保设备、厂区环境、“三废”排放、危险废物处置、安全生产、在线监测等方面，对两行业明确了整治标准，对无环评手续、排放不达标的一律“两断三清”予以取缔。大城岩棉玻璃棉行业投资 3 亿元更新了全国最先进的环保设备，仅剩的 38 家岩棉玻璃棉保温企业、17 家有色金属熔铸企业，环保和技术水平均达到国内一流、国际领先，形成 50 多项研发成果并取得国家专利。

南三县（市）就是廊坊全市的缩影，动产业之刀、治污染之本、促环境质变。第一空气质量为之一变。2017 年上半年，大城县、文安县、霸州市的空气质量分别位列全市第 1、第 2 和第 3，下降率居全市前三名。廊坊市的 8 个县有 7 个位列全省除张家口市、承德市外 141 个县（市、区）空气质量前 20，其中文安县第 1、大城县第 12、霸州市第 16，而 2016 年同期其空气质量排名分别为第 104、第 124 和第 130。三县“散乱污”治理和产业转型共削减燃煤、焦炭 300 多万吨，减排二氧化硫和氮氧化物 10 000 多吨，减排粉尘 3 300 多吨。第二生态面貌为之一变。加快廊坊市森林湿地走廊建设，胜芳湿地公园核心区已完成建设，大清河水体治理和石沟干渠湿地修复启动实施，滨河公园已启动征迁，将建成上接雄安市、下连天津市，与白洋淀水脉相连、森林一体的区域生态体系。文安县投资 2.3 亿元植树造林，有效改善了小气候。第三增长面貌为之一变。文安县实施治理后规上企业增加，税收贡献翻番，出现了多年少有的好光景。

治理污染成为推动廊坊市区域转型发展的巨大动力。只有深入贯彻新发展理念，秉持“绿水青山就是金山银山”的生态观和发展观念，敢闯敢试，才能实现产业发展、区域发展的真正转型。只有拿出刀尖向内的改革精神、凤凰涅槃的无畏胆气，才能倒逼产业转型、实现浴火重生。事实证明，治理污染没有阻挡廊坊市发展的脚步，良好生态更将成为廊坊市未来发展的动力源泉。

党政同责、以上率下，廊坊治霾形成好氛围

5 年来，廊坊市委、市政府充分认识大气污染防治工作的重要性、紧迫性、艰巨性，始终把这项工作摆在全局工作的突出位置，党政主要领导将其紧紧抓在手上，强力调度指挥，形成一套党政同责、以上率下、常抓不懈的工作机制。

雷打不动坚持每周调度制度。从 2015 年上半年开始，廊坊市委、市政府的主要领导，坚持每周五在大气办指挥平台主持召开全市大气污染防治“挂图作战”视频调度会。市政府各位副市长全部分担大气污染防治责任，管行业必须管环保，要党政同责、一岗双责、率先尽责。3 年时间里，召开调度会 120 多次，分析形势、通报问题，对各县（市、区）、市直部门的工作逐一点评排队，对工作落后的，不留情面，严肃批评，并责成主要领导当场做出检查和整改承诺。每次会议都让参会领导干部脸红、出汗，切实感到大气污染防治工作不力、排名落后就是失职，由此层层形成“抓一把手”和“一把手抓”的压力传导机制。

关键时期实行每日调度制度。每次应对重污染天气期间，市委、市政府都坚持每日调度、现场调度。市、县两级党政主要领导经常是不分昼夜到一线督导巡查，组织发动各级干部包村、包片、包企业，严格落实各项管控措施，现场解决突出问题。工作到深夜，调度到凌晨，亲力亲为敢担当，全市县乡各级干部抓工作落实真抓、真干、真拼命成为常态。

日常工作采取随时调度制度。建立“蓝天行动”微信群，市、县两级党政主要领导、主管领导，市直相关部门领导和专家组骨干成员全部入群，第一时间发布信息、共享信息，第一时间通报问题、发布指令，第一时间回应反馈、紧抓落实，形成了上下贯通、横向协同、指挥灵便的全天候调度平台。

对突出问题实行一竿子插到底的调度制度。针对主城区各区大气污染防治中发现的突出问题，市委、市政府主要领导直接调度到乡镇（街道）、村的党组织书记和乡镇长（主任）、村委会主任。2017 年 5 月，因企业“散乱污”问题，廊坊市文安县被环保部实施挂牌督办。为帮助文安县、霸州市、大城县三地有力解决“散乱污”集群问题，市委书记冯韶慧、市长陈平连续数月亲自带队，先后 8 次利用双休日到南三县（市）现场办公，指导当地干部群众提高认识、转变观念，确立加速调整淘汰“散乱污”，推促树立转型发展、提质发展新思路，使一大批胶合板产业、岩棉和玻璃棉企业等低端落后“散乱污”企业得到有效治理，使环保部门的指令性要求得到坚决落实。短短 3 个月时间，文安县一带发生了绿色巨变。

借助环保督察传导压力、压实责任，刚性督考，对治霾不力问题严肃问责。为切实推进大气污染防治各项举措落实到位，廊坊市坚持以问题为导向，借助环保督察，把压力层层向下传导。工作中，廊坊市把抓领导干部这个关键少数作为突破口，把发现问题多少作为工作成效的标准，每天将督察发现的问题在媒体和微信群中通报，敢于揭丑亮短。同时每年完善督导考核、追责问责机制，市纪委成立督察问责组，深入大气污染防治工作基层一线，全面传导压力，持续加大督导力度、密度和频次，采取约谈、通报、问责等形式，严肃处理行动迟缓、不较真儿、不负责、敷衍应付的党员干部，确保督出实效、问出实情、责出干劲儿。推动督导持续加力。与此同时，市委组织部还把大气污染防治工作纳入各级领导班子、领导干部的考核范围，严格落实“一票否决”制度，对防治不力、工作不合格的领导干部，限制评先评优和提拔使用。廊坊市还实施了分片排名奖惩。针对廊坊市各县（市、区）不同情况，制定空气质量考核奖惩办法，全市分片实行排名，对每周各片倒排第一的县（市、区）公开通报，由县（市、区）长向市长当面检查；对连续 2 周倒排第一的县（市、区）由县（市、区）委书记在每周大气污染防治工作调度会议上做出检查，并给予处罚。自 2016 年以来，先后对 7 个县（市、区）给予了预警处罚，对 5 个县（市、区）落实了 500 万元至 2 000 万元罚款。2017 年 11 月 30 日，更是对 3 辆大型运输车在重污染天气应急响应期间无证违规进入市区行驶，拉工程沙不苫盖，沿途遗撒 15 公里的问题做出了严肃处理，开出 583 万元环保罚单。这是自廊坊市大气污染防治工作开展以来，因为渣土运输车违法运营开出的最大罚单。

廊坊治霾形成合力

廊坊市 2013 年治理雾霾时起步艰难，一是对于污染成因和污染源是什么、应该怎么去治理茫然不知，二是治理对象因利益受损对治理不理解。当时廊坊市主要做了 3 件事，一是工业企业控煤，二是取缔黄标车，三是控制工地扬尘。当时面对的第一个就是骂声。要求工地苫盖，增加了工地成本，工地不乐意；有的黄标车还很新，给他补偿把车拆解了，车主不乐意；让企业改燃煤锅炉和控煤，企业认为是掏他腰包、断他财路，企业主也不乐意。

通过5年“大气十条”的执行，最大的收获就是，从媒体到官员到大众都形成了一个共识，即污染防治不仅仅是环保部门的事情，而是各个部门和全社会都得参与。这个共识所匹配的机制，是各地都在“大气十条”启动后，建立起了大气污染防治工作领导小组及其下设的大气污染防治工作办公室（简称大气办）。领导小组组长一般是党委、政府的主要领导，大气办不仅仅有环保局的人在里面，其他很多部门也包括在内，相当于政府的一个职能部门。大气办对任务在各部门的分解落实进行考核，主要考核牵头和重点工作的落实情况，每周通报，每月一次打分，用机制逼各个部门形成合力。

现在很多部门依照相关法规都在主动承担责任，在边缘问题上主动牵头。如在油品问题上，商务局管加油站营业执照、工商局管油品、环保局管油枪。一个加油站3家管。最后指定由商务局牵头，谁发证谁牵头。2017年，廊坊市22家加油站因为油品和油枪不合格，被三部门联合执法关停，这一举措使廊坊市的油品得到了质的提升。2017年，在河北省油品大检查中，只有廊坊市的油品全部合格。

令人振奋的是，通过上下努力，从绿色发展理念，理论跃升，到形成合力推动工作的不断升级，廊坊市真正形成了治霾合力，真正把治霾当成了人民战争，过去很多办不了的事情，现在都能办了。正因如此，廊坊市才有了持续几年空气质量逐年向好的变化。2017年第一季度，在2016年取得良好成绩的基础上，整个京津冀区域由于受恶劣气候的影响，空气质量相关数值不降反升。在如此被动的情况下，廊坊市利用后几个月强力攻坚、强力落实中央的统一部署，从转型升级、去产能、治理“散乱污”、控煤等多个方面，强力攻坚，严肃落实《大气污染防治秋冬防攻坚方案》，打了翻身仗，完成了大气污染第一个五年收官之年的预期目标。

廊坊市的实践表明，党中央、国务院的治霾部署抓住了症结、击中了要害。经历5年蓝天保卫战的成功洗礼，我们更加深刻地感受到，中央深入推进生态文明建设的战略决策眼光深邃、科学正确。

2

让市民在获得美好环境中感受幸福（中）

——《廊坊日报》就大气污染五年攻坚行动专访市大气办副主任李春元

刊于 2018 年 1 月 18 日《廊坊日报》4 版整版　吕新颖 陈正 卢艳丽

让人民群众享受美好环境，不断满足人民群众对美好生活的新需要，是党的十八大以来廊坊市委、市政府孜孜不倦的追求。廊坊市坚持把实现好、维护好、发展好最广大人民的根本利益作为发展的根本目的，而优美清新的环境正是提升群众获得感的源头活水。2017 年是国家贯彻“大气十条”第一个五年行动计划的收官之年，2018 年是深度落实党的十九大精神、承前启后再奋战、持续打赢蓝天保卫战的新一轮作战的开局之年。围绕 5 年来廊坊市大气污染防治工作与追求公众健康利益取得的显著成绩和面向新时代、新目标，如何取得大气污染防治新胜利等话题，日前，记者专访了廊坊市大气办副主任李春元。本报将以《让市民在获得美好环境中感受幸福》为题，通过上、中、下 3 篇报道，回顾廊坊市 5 年来的治霾历程，介绍 5 年来廊坊市治霾的成果经验和面向新年度如何深度、高质量开展好大气污染防治工作。

问：5 年来，廊坊市空气质量达标天数显著增加，各区域 $PM_{2.5}$ 浓度均逐年下降，主要污染物年均浓度均显著下降，尤其是 2017 年的成绩更加显著。可以说，廊坊市治霾攻坚 5 年，取得了很好的战绩。对此，您用“5 个让”——让人振奋、让人回味、让人欣慰、让人惊叹、让人充满信心来形容，来总结感受，请问，“让人回味”主要体现在哪些方面？

答：2013 年，京津冀及周边地区 $PM_{2.5}$ 浓度是发达国家的 8～10 倍，历经 5 载，强力攻坚，虽现成效，但以臭氧为代表的大气复合污染水平有所上升，复杂的生态环境现状，给治理带来极大挑战，人民群众对大气污染深恶痛绝。现实中，一部分企业在发展过程中，不愿意在大气污染防治上牺牲自身利益。治理过程中一直有利益羁绊。可以说大气污染防治工作 5 年，举步艰难。

打造科学治霾的“廊坊样本”

2013 年，国家“千人计划”专家甘中学博士，国家特聘专家、南开大学教授毛洪钧，国家“千人计划”专家、中央气象局研究员龚山陵等发起成立 $PM_{2.5}$ 特别防治小组。希望从基层环境管理工作的实际情况出发，针对地方科学技术支撑不足、地方与区域环境关系不明、部门间综合协调困难、环保与局部利益冲突等方面的传统环境管理问题，全方位引进专家及第三方管理服务团队，以城市为基本元素，通过多年在海外工作的专家的协同合作，改善空气质量。这个团队凝结了国内外的先进治霾经验，开发出一个空气质量智能实时管控平台。

2014 年，廊坊市委、市政府敏锐地意识到，不能再延续之前的思路，一定要把污染成因摸清楚、说清楚，实施靶向治理。于是，廊坊市率先在全国大气污染防治战场上与中组部“千人计划”$PM_{2.5}$ 专家组签订了共同在廊坊市治霾的框架协议。签订协议后，专家组首先帮廊坊市厘清污染根源，然后精准地制定“一企一策”，精准地指导廊坊市从源头上治理污染。同时，在本级政府财政非常紧张的情况下，拿出了 6 000 多万元资金，支持专家组在市环保局建立大气污染防治大数据管控指挥平台。给 17 名国家级专家发聘书，长期支持廊坊市治霾工作，专家组共 60 多名工作人员常驻廊坊市全程指导，率先探索专家“坐诊”“巡诊”、精准治霾新模式。2017 年，又在此基础上对该平台进行了升级完善，目前，平台共接入在市建成区布设的环境数据传感器 1 050 个，其中空气质量传感器 484 个、工地在线监测 282 个、“散乱污”和 VOCs 企业视频监控 254 个、企业在线监测 30 个。

如今，廊坊市每场调度会、每项治理措施的发布实施都离不开这个治霾“人工智能大脑”。其通过对污染源减排模型进行反复评估，对症下药，制定年度空气质量改善目标和减排工程实施方案，逐月逐项分解目标任务，并实施全程靶向治理，精准攻关；通过实时收集各类数据并回传至指挥调度中心，利用环境大数据、预测预报模型等技术建立起基于地理信息系统的图文实时展示平台，专家组实时分析预测并提出工作建议。在重污染时段，通过模型预测预估重污染形势，再借助气象数据和传感器数据判断重污染来源及走向，锁定扬尘、企业及车辆的在线监控对下一步管控重点做出判断，从而最大限度地削峰减频。

廊坊市大气办依托空气质量智能实时管控平台，建立起空气质量指挥调度中心，通过前端部署百套污染源在线监控、12 套国（省）控环境质量在线监测、60 套分布式传感器监测、10 余架无人机区域遥测、8 套机动车路网遥测、1 套立体超级站，实时收集各类数据并回传至指挥调度中心。专家组实时分析、预测并提出工作建议，实现了防范在先、控源到企、追源到点、施策到时，为廊坊市精准科学治霾提供有力支撑。经过不断努力，现在的平台已经形成了“一台一网一院”，即一个智慧管控平台，一个环境大数据真气网，一个科技支撑产业研究院。

在专家组与廊坊市同心治霾的辛勤努力下，2016 年廊坊市的 $PM_{2.5}$ 年均浓度同比下降了 22.4%，在京津冀 13 个国控城市中排第 1，成为河北省首个退出全国 74 个重点城市“倒排前十”的城市。2017 年，廊坊市的 $PM_{2.5}$ 年平均浓度为 60 μg/m^3，比 2013 年下降了 45.45%，持续退出“倒排前十”。

专家引路为治霾提供科学方案

在大气污染防治工作中，廊坊市依托科学治霾，抓住关键，精准施策。发挥专家作用，实现科学应对。$PM_{2.5}$ 专家组会同中国环境科学院“一市一策”跟踪研究组，对廊坊市重污染天气成因、过程分析、应急减排清单和“一厂一策”等内容进行深入研究，靶向治理、精准攻关，掌握根源。开展全市大气污染源排放清单调查，建立全市大气污染源数据库，分类整合污染源企业排放信息，应急响应提前提级，修订重污染天气应急预案，在全省率先发布实施，并作为模板在“2+26”城市推广。提前两日发布重污染预警，提前一日启动更高一级的减排措施。同时，为全市 2 811 家执行错峰生产和应急响应的企业安装“智能环境管家在线公示牌”，实现即时精准监管。廊坊市启动和升级重污染天气应急响应共计 13 次、101 天，$PM_{2.5}$ 峰值浓度削减 25%左右、平均浓度削减 18%左右，66 天实现污染降级，重污染及以上天数减少 32 天左右。

利用科技力量，实时解析管控，完善平台。同时，将视频监控、空气质量传感器等 9 类监测数据纳入网格化监管体系，将污染源精准定位到点、责任到人。各县（市）也同步开展了监测传感网和在线监控系统的建设，目前已完成 3 000 多个传感器和监控设备布设，下一步将与市级联网。建立乡镇空气站，市财政投资 3 573 万元，建成投运了 90 个乡镇小型空气质量自动监测站，在全省率先实现了统一投资、统一建设、统一运维、统一发布。

专家组治霾的“廊坊市模式”取得突出成绩，并作为范例，从人才到经验，健步向京津冀及周边地区推动。党的十九大报告提出，要“着力解决突出环境问题。坚持全民共治、源头防治，持续实施大气污染防治行动，打赢蓝天保卫战”。要想更持久、持续支持生态文明发展，并在更广领域为环境治理提供科技支撑，成立一个组织更为紧密的综合性研究院很必要。经过长时间酝酿，由国家“千人计划”专家联谊会、中国科学院、中国环境科学研究院等高校及研究机构的几十名院士和“千人计划”“万人计划”专家牵头，在廊坊市政府的大力支持下，廊坊市智慧环境生态产业研究院（以下简称廊研院）于 2017 年 5 月正式揭牌。

“大气办一发布应急预警信息，企业就可在公示牌上看到，公示牌上的灯点亮后，信号可传至政府及主管部门的监管平台上，方便进行有针对性的调度和监督。企业按下控制按钮，就相当于接到了通知……”目前，廊坊市工业企业落实错峰生产及重污染天气应急响应措施“一厂一策”公示牌正在全市推广使用。廊研院建设智能生态城市的梦想，与廊坊市发展“大智移云”首位产业的梦想“不谋而合”，在碰撞中正落地变成现实：一个可以放在办公桌上的机器人“小智”，可以和主人对话，告知天气，净化周围空气；摆放在公共广场上的健康球，可实现人体室外暴露量的自动监测，对室外有毒有害气体捕集净化；在建筑物的屋顶安装太阳能板，可以实现太阳能的综合利用、多能互补，提供日常新风系统、生活热水，供暖制冷等所需的电能……

“加快生态文明体制改革，建设美丽中国，推进绿色发展”——在党的十九大精神的指引下，廊研院广聚智慧，打造集人才会聚、科学研究和产业孵化于一体的综合实体，为生态复兴插上科技的翅膀，努力建设具有中国特色的生态城市典型示范区。廊研院通过在廊坊市的成功实践和孵化，已将专家团队发展至 200 余人，将治霾战场由廊坊市治霾基地延伸到全国 4 个省（市）、30 余个市（县、区），为各地科学治霾、协同治霾发挥了典型示范作用。

全民参与为治霾提供“廊坊市方案”

还有一个“回味”，就是从传导压力上。我们过去做一些事情，让一些企业关、停、并、转，很多企业不理解。在这种情况下，廊坊市强力推进治霾，一系列经验在全国都是领先的。政府多次做工作，从哪儿做？就是抓住媒体深入宣传，让人们认识到，最大的民生就是小康加健康，是在清洁健康的环境里好好活着。通过反复宣传，让企业认识到，不能为一己私利，去排放污染害人；让更多的群众认识到，要控制污染，倡导绿色生活，要敢于和污染行为做斗争，要敢于揭发污染环境的行为，共同倡导向大气污染宣战。

经过广泛发动群众，群策群力治理大气污染的浓厚氛围形成。如在洒水车洒水问题上，有不少群众对洒水的动机和作用产生过怀疑，甚至有怨言。不了解带来了不理解，不理解带来了不同的声音，产生了对治霾不同的看法。在此过程中，廊坊市原来实施喷水作业的喷水车改为了现在的低喷式，并且实施错时喷洒。同时告诉群众喷水的目的不仅仅是抑尘，还有其他作用。特别是夏季，氮氧化物和 VOCs 产生了臭氧，喷水可以抑制臭氧的形成，既降温，又增加湿度，而臭氧可以给人体造成呼吸道疾病等多种疾病。通过宣传，做到了“送暖气、解误气、添人气”。所谓的“送暖气”就是输送知识，让你了解。“解误气”就是让大家不再误会，真正明白大气污染防治的深度目的是什么；“添人气”就是让大家在了解、理解、参与支持的同时，增强政府决策的公信力。让人回忆的不仅仅是表面的东西，还有科学治霾的力量。党的创新理论、全社会的广泛实践、科学治霾的巨大力量在这5年里让人回味。

充分利用媒体资源不断加大宣传力度，强力营造全民治霾氛围，是廊坊市5年治霾，不断打好治霾人民战争的宝贵经验。仅以2017年秋冬季的攻坚战宣传为例：自秋冬季大气污染攻坚行动以来，市大气办围绕去产能、“散乱污”治理等33项重点任务，针对民生关切、民众关切、上级关切、社会关切问题及时破解、及时发布，根据不同情况需要，采取大集中小分散，灵活多样的新闻发布方式，将发布会开到市局、乡镇。廊坊市秋冬季大气污染综合治理攻坚行动期间（截至2017年12月31日），共召开各类新闻发布会33次。仅围绕公众广泛关注的为什么要持续抓好防控问题就刊发了专题评述“大晴天启动应急对市民有什么好”“应急响应为什么要延续”“延续应急就是为了预防污染累积伤害人体”“如果不持续应急空气质量会更差”“持续防控让市民有了更多‘获得感’”“区域持续联控重污染是为民造福”“持续抓好燃煤污染管控才能有好空气”“咬紧牙关拼十天力争全年好成绩”等11篇。

自2017年9月29日起，廊坊市开始对秋冬季开展全方位、立体式宣传，对秋冬季大气污染综合治理攻坚行动全程跟踪报道，每天安排记者跟踪采访，深入一线，现场采访，开辟专栏，全方位、重磅报道相关工作。廊坊电视台在新闻节目中开设专栏，分14期对《廊坊市2017—2018年秋冬季大气污染综合治理攻坚行动方案》进行了图文并茂的专题解读，《廊坊日报》《廊坊都市报》用整版以专访的形式对《廊坊市2017—2018年秋冬季大气污染综合治理攻坚行动方案》进行了解读。廊坊电视台的《廊坊零距离》在原有栏目的基础上又专门开通了“坚决打赢秋冬季大气污染防治攻坚战”电视专栏，《廊坊日报》《廊坊都市报》在已有的“蓝天行动”母栏下开辟了“坚决打赢秋冬季大气污染防治攻坚战”“谁洒汗水洗蓝天”“曝光台”等子栏。廊坊电视台新闻节目、零距离节目，《廊坊日报》《廊坊都市报》按照时间节点，有计划、有步骤地对各级各部门好的经验做法、各类约谈和通报情况、正反面典型进行跟踪式、重点式、组合拳系列报道。2017年秋冬季大气污染攻坚战宣传期间，《廊坊日报》刊登相关新闻报道243篇，其中整版报道41个，《廊坊都市报》刊登相关新闻报道154篇，其中整版报道41个，廊坊市广播电视台新闻节目播发相关新闻114条、《廊坊零距离》节目播发43条，形成了舆论强势。其间，由市委宣传部、市大气办、市环保局、廊坊日报社等共同主办的廊坊日报社第九届读者节暨全市秋冬季大气污染综合治理攻坚宣传活动，以宣传“大气污染防治、共建美丽廊坊”为目的，进行了秋冬季大气污染综合防治攻坚行动集中宣传，引导社会各界积极参与秋冬季大气污染防治攻坚战，营造“人人都是参与者、人人都是实践者、人人都是监督者、人人都是受益者”的良好舆论氛围。

依靠协同治霾，综合治理，标本兼治。强化市、县、乡三级管理体制，夯实基层基础。一是严格落实“三包三保”。实行市领导干部包县、县领导干部包乡（镇）、乡镇干部包村的分包责任制，严格落实市直（县直）有关单位及乡镇（街道办）的责任清单和工作措施，在目标任务上以日保周、以周保月、以月保季、以季保年。二是加强基层环保能力建设。全市已建成乡镇（园区、街道办）环保所 147 个，在全省率先实现基层环保所全覆盖，并落实“6 个到位”（机构编制、人员、办公条件、仪器装备、经费、制度建设及网格化监管）。

突出重点区域，实施联防联控联治。针对区域传输特点和主城区任务最重、难度最大、管控最细的情况，2017 年市政府在市大气办现行体制内，组建大气污染联防联控指挥部，建立市级统揽、分区落实、联防联控、靶向治理的联防联控工作体系，重点聚焦主城三区和永清、固安、霸州 3 个传输通道县（市），实现了查找问题和整改落实的快速高效。通过督察巡查共发现问题 1 003 个，明晰了责任主体，一些久拖不决的问题得到根本解决，有效凝合了三区三县（市）和市直（县直）部门的工作开展，走活了重点区域大气污染治理这盘棋。

重点工作齐抓共管，综合管控。一是强力推进燃煤锅炉治理。共淘汰 10 蒸吨及以下各类燃煤锅炉 4 175 台，提前完成国家、省下达的燃煤小锅炉清零任务；淘汰改造市主城区 10～35 蒸吨燃煤锅炉 55 台；提标改造 35 蒸吨以上大型燃煤供热锅炉 76 台。热电联产项目二期建设投入使用，增加供热面积 470 万平方米。二是强力推进工业污染治理。158 家省重点 VOCs 治理企业全部完成整治任务。三是强力推进扬尘管控。在市城区所有建设工地全部安装扬尘在线监测，对发现的问题责令停工整改、清出市场，目前累计罚款 508 万元。四是强力推进烟气治理。实行财政补贴公交免费乘坐政策，严格管控高排放车辆入城，提前完成全市所有加油站国六标准车用汽、柴油的置换。完成全市 4 231 辆老旧车报废任务，1 500 辆新能源汽车推广任务已完成 1 802 辆。五是强力启动实施秋冬季攻坚战。推进结构调整，倒逼产业升级。六是强力推进“散乱污”企业治理。共完成 12 003 家，其中关停取缔 10 347 家、整改提升 1 649 家，整合搬迁 7 家，对保留的企业安装在线监测或监控。廊坊市通过整治“散乱污”推动转型升级的做法，先后被《人民日报》、新华社等权威媒体报道。七是强力推进钢铁去产能。霸州市新利钢铁、前进钢铁两家公司全部停炉停产并通过省验收，共退出炼铁产能 416 万吨、炼钢产能 498 万吨，年减少二氧化硫、氮氧化物排放 6 500 多吨，日减少重卡运输车辆 3 000 多辆次，提前实现了“保 1 争 2”的目标。

问：经过 5 年，廊坊市大气污染防治工作取得了一定成果，其成果让人欣慰，主要体现在哪些方面？

答：令人欣慰的是，随着京津冀协同发展的实施，通过这几年的实践，大家在实践中逐渐意识到，没有协同治霾，仅仅一个小区域的单打独斗，取得不了治霾的胜利，是无法让蓝天白云常驻的。只有真正实现协同，联防联治，协同共治，联治先联心，才能依法治霾，成功治霾。在协同作战上，我们做了以下工作。

上下一心 打造联防联治新模式

联治先联心，所谓联心，就是心往一处想，劲往一处使，之前的治霾工作是在环保法规下进行的，需要法制规范、约束和指导我们治霾的举措，这里的法规包括《中华人民共和国大气污染防治法》《中华人民共和国环境保护法》和国家及地方政府制定的相关法规，依法依规的治霾行动才能得到人民群众的支持。在工作中廊坊市采用统一的标准和共同的污染下降率指标，开展统一部署、统一行动、统一向污染宣战，形成了强大声势。去产能、调结构、去燃煤、取缔锅炉、区域交通管制、应急响应同步实施，联防联控，各地方从党委、政府做起，强力推进。

在落实大气污染防治工作中，有的地方软执行、少执行，不执行，舍不得小的经济利益，也与以前地方考核以 GDP 为主有关。党的十九大报告明确提出以提高人民生活质量为核心利益，这就有了治霾行动的坚强后盾。廊坊市在协同治霾上真心实意。例如，2016 年冬季，我们在治霾中梳理出污染问题 5 000 多个，并逐一进行了整治，该关的关，该停的停，取得了非常不错的成果。2016 年年末，有几天雾大霾重，周边地区有爆表的地方都是一片红，而廊坊市是绿色的，华北环境保护督察中心、环保部大气司和省环境督察中心来廊坊市检查，还有人怀疑我们是否存在造假，结果没有查出问题，表扬廊坊市科学管控、真抓实干。2017 年又进一步取缔 12 003 家企业，短期内经济受到了损失，但是换来了广大人民期盼的蓝天白云。这些治霾的成果，表明这些年廊坊市是真抓实干、真停真限、自我揭短、解决问题，最终才实现空气质量稳定好转。

依仗铁腕治霾，狠抓落实，确保成效。对环保部、省环保厅各类督察巡查组发现移交的问题，廊坊市都严肃认真地要求限期整改，对工作滞后或达不到要求的，及时下发督导令；整改仍滞后的，约谈并实行量化问责；涉及违法行为的，依法从严从快处罚到位。自 2017 年以来，部省督察巡查组在廊坊市共发现问题 2 251 件，完成整改 2 191 件，完成率为 97.3%。

严格执法，严惩重罚。持续深入开展“利剑斩污”专项行动，利用环保部热点网格、河北移动执法 App 等平台强化科技执法，对全市 5 400 多家企业实行“双随机”抽查。廊坊市共检查各类企业 34 606 家次，处罚 1 658 件，处罚金额 1.25 亿元，处罚到位金额 4 678 余万元。移送案件 116 起，行政拘留 97 人，刑事拘留 32 人。

严格奖惩，强化问责。一方面严格考核。逐级签订责任书，完不成任务“一票否决”。2017 年，廊坊市两次修订空气质量考核办法，按 $PM_{2.5}$ 浓度和 $PM_{2.5}$ 同比下降率两项指标，对各县（市、区）、廊坊市开发区每周进行综合评价排名，排名靠后的给予经济处罚。全年共落实处罚资金 1.8 亿元。另一方面，严肃问责。建立约谈和问责制度，出台具体约谈和问责办法，市政府领导对 4 个县（市）政府主要负责人进行了约谈，市大气办对 8 个乡镇和 2 个市直责任部门实施了公开约谈，对 115 人进行了问责。

打赢蓝天保卫战是市委、市政府向全市人民立下的“军令状”，也是我们每个人的责任，没有人能够置身事外。我们已经在近年来党中央出台的一系列举措中看到了打赢蓝天保卫战的曙光，我们已经在廊坊市的成功实践中看到了成果，我们已经在蓝天白云下体验到了更多的获得感。对于国家治理的意志和战略，对于廊坊市在实践中摸索的成功做法，我们既要有坚定的信心，也要有足够的耐心。积极响应市委、市政府号召，团结起来，立足我们正在开展的冬防攻坚行动，为赢得蓝天做好分内之事。新年度，全市上下要围绕高质量打赢新时代新年度蓝天保卫战，抓谋划、抓防治、抓推进、抓落实，用新思想、新思路、新办法，抓出新成果、新成效、新成绩。我们坚信，随着全社会的不懈努力，人民渴望的蓝天终会回来，廊坊市一定能够继续、持续打赢新年度蓝天保卫战。

3

让市民在获得美好环境中感受幸福（下）

——《廊坊日报》就大气污染五年攻坚行动专访市大气办副主任李春元

刊于 2018 年 1 月 19 日《廊坊日报》4 版整版　吕新颖 陈正 卢艳丽

让人民群众享受美好环境，不断满足人民群众对美好生活的新需要，是党的十八大以来廊坊市委、市政府孜孜不倦的追求。廊坊市坚持把实现好、维护好、发展好最广大人民的根本利益作为发展的根本目的，而优美清新的环境正是提升群众获得感的源头活水。2017 年是国家贯彻“大气十条”第一个五年行动计划的收官之年，2018 年是深度落实党的十九大精神、承前启后再奋战、持续打赢蓝天保卫战的新一轮作战的开局之年。围绕 5 年来廊坊市大气污染防治工作与追求公众健康利益取得的显著成绩和面向新时代、新目标，如何取得大气污染防治新胜利等话题，记者专访了廊坊市大气办副主任李春元。本报以《让市民在获得美好环境中感受幸福》为题，通过上、中、下 3 篇报道，回顾了廊坊市 5 年来的治霾历程，介绍 5 年来廊坊市治霾的成果经验和面向新年度如何深度、高质量开展好大气污染防治工作。

问：5 年来，廊坊市空气质量达标天数显著增加，各区域的 $PM_{2.5}$ 浓度均逐年下降，主要污染物年均浓度均显著下降，尤其是 2017 年成绩显著。可以说，廊坊市治霾攻坚 5 年，取得了很好的战绩。对此，您用“5 个让”——让人振奋、让人回味、让人欣慰、让人惊叹、让人充满信心来形容，来总结感受，请问，廊坊市的治霾成果是让人惊叹的，“让人惊叹”有几层含义？

答：首先，我要告诉你一个喜讯，1 月 18 日，环境保护部有关负责人向媒体发布了 2017 年 12 月和 2017 年 1—12 月全国和京津冀、长三角、珠三角区域及直辖市、省会城市、计划单列市空气质量状况。2017 年 12 月，74 个城市空气质量相对较差的后 10 位城市（从第 74 名到第 65 名）依次是徐州市、邯郸市、西安市、兰州市、保定市、石家庄市、太原市、邢台市、济南市和成都市。2017 年 1—12 月，后 10 位城市依次是石家庄市、邯郸市、邢台市、保定市、唐山市、太原市、西安市、衡水市、郑州市和济南市。廊坊市空气质量继 2016 年退出全国 74 个城市“倒排前十”后，2017 年又持续成功退出“倒排前十”。

2017 年 10—12 月，《京津冀及周边地区 2017—2018 年秋冬季大气污染综合治理攻坚行动方案》（环大气〔2017〕110 号）实施以来，$PM_{2.5}$浓度削减幅度最大的前六位城市依次是石家庄市、北京市、廊坊市、保定市、鹤壁市和安阳市，与上年同期相比，$PM_{2.5}$浓度削减幅度均在 40%以上。

回答你刚才的提问，回顾 5 年的情况，我感到"让人惊叹"有两层含义，一是在科学理论方面，习近平总书记的绿色发展理念启发公众、教育公众、引导公众，在强大的绿色发展声势、氛围、环境引领之下，全党全社会的绿色发展理念更加深入了，"绿水青山就是金山银山"的认知和党中央的思想形成了共识、共振和同步。

"抓大不放小"产生治霾效应

党的十八大以来，党中央加大了大气污染防治力度，让市民看到了环境的巨大变化，群众也形成了配合发展的合力。让世界惊叹地看到了"绿水青山就是金山银山"等习近平新时代中国特色社会主义思想在中国大地扎根、开花、结果。

坚持全民共治，源头防治。全党对绿色发展的理念不断深化，更加贴近实际发展的脉络。2017 年中央经济工作会议上强调"只有恢复绿水青山，才能使绿水青山变成金山银山"，提出建立文明体制、健全资源产权制度、健全市场化体制机制、淘汰落后产能、加大考核力度等方面具体举措。治霾 5 年，全市不仅各级党委、政府付出了巨大努力，全市各企业也担当了更多社会责任。从落实错峰生产应急响应到一次次落实整改，不断提高环保治理水平，减少污染物排放；群众告别传统、落后、污染的生产生活方式，不烧劈柴秸秆，"全民共治"深入人心，一起捍卫廊坊市的蓝天白云。市区 8 个燃煤供热站，在市建设局的积极组织、各区政府（管委会）的积极工作下，主动落实环保责任，带头开展降低 3 项主要污染物的治霾行动，为市民健康尽心，为全市治霾大局献力。全市各地全力排查工作漏洞、补齐短板、整改问题，积极开展科学治霾、铁腕治霾、协同治霾各项工作，用实际行动落实市委、市政府的要求，让党的十九大精神在廊坊市的蓝天白云下落地生根。

2018 年冬天，廊坊人有个普遍的感受，就是蓝天白云多了，雾霾少了，这样好的天气能够出现是全市上下齐心控霾的结果，凝结着全民参与的汗水。喜人成绩的背后，既体现出廊坊市坚决重点做好"煤替代"工程、钢铁去产能、"散乱污"企业清理整顿等一系列"大"工程的决心和干劲儿，又体现出抓准抓实主城区祭祀用品禁烧等"小"举措的精细和全力以赴。正所谓"从源头治霾、抓大不放小"，只有坚持高质量治霾，才能取得良好的治霾效应。继 2016 年廊坊市开展主城区禁烧祭祀用品以来，2017 年廊坊市乘势大力开展春节、清明节、中元节、寒衣节期间主城区祭祀用品禁烧专项行动，据统计，成功削减排放烟尘 2.85 吨，一氧化碳 1.42 吨，二氧化硫 0.014 吨，氮氧化物

0.07 吨，这为廊坊市持续退出“倒排前十”夯实了基础，也为满足人民群众日益增长的优美生态环境迫切需要做出了积极贡献。2017 年，廊坊市改变单纯为了治理而治理的通常做法，在全市狠抓“煤替代”、热电联产供热并网等“规定动作”的基础上，又因地制宜、综合施策、分步推进实施了“自选动作”，以广阳区北旺乡为试点，在市、县两级城中村推行以清理燃煤和劈柴为重点的源头治霾“八清零”工作，强力改善区域环境，坚决打赢蓝天保卫战。“八清零”工作开展以来，从源头上治理了污染，有效改善了区域环境，蓝天白云在增多，雾霾围城在减少。全市城中村“八清零”行动共清理各类燃煤 74 864.56 吨、劈柴 6 825.4 吨、收缴小煤炉 204 930 个、拆除燃煤锅炉 12 台，拆除灶台 262 个，取缔新增“散乱污”企业 344 家、取缔整改违规喷漆汽修厂 58 家，取缔整改涉 VOCs 工商户 12 家。经测算，若这些燃煤和劈柴全部燃烧约产生 168.23 吨 $PM_{2.5}$、281.89 吨 PM_{10}、1 911.78 吨 SO_2、305.13 吨 NO_x、634.29 吨 CO、238.94 吨 VOCs。城中村“八清零”工作从源头上清理了污染源，为全市大气污染防治工作各项考核的完成做出重要贡献。2017 年 11 月 1 日—12 月 26 日，全市年综合指数累计为 5.11，同比下降了 49.9%；$PM_{2.5}$ 累计浓度为 50 μg/m^3，同比下降了 58.0%；SO_2 累计浓度为 13 μg/m^3，同比下降了 50.0%；CO 累计浓度为 1.8 mg/m^3，同比下降了 71.9%。SO_2 和 CO 两项燃煤和生物质燃烧产生的污染物，较 2016 年同期均有大幅度下降，对全市特别是供暖期空气质量改善具有良好效果。

强化考核落实治霾责任

“生态文明建设同每个人息息相关，每个人都应该做践行者、推动者。”为深入推动全民共治、源头防治，持续实施大气污染防治行动，贯彻落实好省“1+18”方案、秋冬季大气污染综合治理攻坚行动目标要求和《河北省大气污染综合治理集中大排查方案》要求，坚决打赢“蓝天保卫战”，2017 年，根据省政府要求，市大气办制定了《廊坊市大气污染综合治理集中大排查方案》，并下发全市，要求严肃落实。在当前形势下，紧紧扭住大气环境质量改善目标，抓住重点任务进展、交办问题整改、大气污染排放源等关键，深查细究，挂账列单，严格整改，务求实效。坚持目标导向，对照省委、省政府大气污染综合治理“1+18”方案和秋冬季大气污染综合治理攻坚行动方案确定的 $PM_{2.5}$ 平均浓度下降、重污染天数减少目标，梳理环境管理和污染减排中存在的问题，逐项查找差距，深入剖析问题症结，确定进一步减排空间和工作突破点，制定完善下一步强化攻坚措施；全面梳理大气污染综合治理“1+18”方案确定的农村清洁取暖、燃煤锅炉淘汰与提标改造、重点行业产能压减、重污染企业搬迁改造、“散乱污”企业集中整治、VOCs 治理、扬尘整治、露天矿山恢复绿化、秸秆禁烧等重点任务完成情况，深入排查秋冬季大气污染综合治理攻坚行动方案确定的错峰生产和运输、重点行业污染治理、散煤污染综合治理、无组织排放管控、移动源污染和面源污染管控等重点工作进展情况，一项一项任务对标，一个一个环节“回头看”；对环保部强化督察、省大气专项督察和执法检查交办督办的问题，一个一个查、一个一个看，既逐个排查整改进度和成效，又要排查是否做到举一反三、建立污染防治长效机制；全面排查全市范围内大气污染物各类排放源，做到点位清、坐标清、规模清、污染物清、责任清；建立信息处理系统，通过强化网格化监管体系，将监管责任落实到具体部门和责任人，逐项进行跟踪问效，实现污染源的全面管控、不留死角；对各部门接到涉及大气环境的群众举报和信访事项，逐一排查，建立清单，制定调查核实方案，明确整改措施和时限要求；建立问题查处整改责任制，层层强化责任，签字销账，确保落实到位。

2017 年廊坊市实行《廊坊市 2017 年大气污染防治市直部门重点工作考核办法》。1 年来，通过聘请社会第三方机构对市直各部门重点工作实施抽查抽测和量化考核，对圆满完成年度工作任务的单位，优先考虑评先评优，对未按时完成阶段性目标的单位，由单位主要负责人在月末召开的全市大气污染防治调度会议上做出检查，并提出整改措施。按照《廊坊市 2017 年大气污染防治市直部门重点工作考核办法》《廊坊市 2017 年大气污染防治市直部门重点工作考核评分细则》对 2017 年全年相关市直部门列入考核的 28 项重点工作进行考核打分，共涉及 14 个市直部门。

在 2017 年的基础上，为确保完成国家和省下达的空气质量改善目标，廊坊市制定了《廊坊市 2018 年大气污染防治县（市、区）考核奖惩办法》，根据各县（市、区）、廊坊开发区 $PM_{2.5}$ 目标完成率和综合指数同比下降率两项指标的综合排名情况进行考核。2018 年，将继续加大考核力度，实现空气质量持续改善。

勠力同心产生治霾合力

天道酬勤令人惊叹。自 2017 年以来，在市委、市政府的坚强领导下，全市上下勠力同心，强力实施大气污染防治行动，持续展开秋冬防攻坚战，取得了优异成绩。大范围的环保督察、大规模的强化督察、大力度的检查巡查，一轮紧逼一轮；强力治理“散乱污”、大幅压减散烧燃煤，一项接续一项；统一预警和应急、开展错峰生产，一环紧扣一环。标与本共治，源与末共防，经过努力，廊坊市钢铁去产能提前完成任务，“散乱污”企业整治取缔 12 003 家，省下达的 158 家 VOCs 企业治理任务全部高质量完成，市主城区各类工地防尘、抑尘逐步走向规范化管理，市三区城中村拆迁从源头上减少了各类散煤和生物质燃烧污染，交警部门严格落实大车管控，实施强化错峰进城。全市新能源替代工作也取得了阶段性战果。油品市场管理逐年向好。整治露天烧烤大见成效：通过廊坊市 2017 年度露天烧烤综合整治工作，可分别减少 PM_{10} 排放 20.75 吨，$PM_{2.5}$ 排放 12.45 吨，CO 排放 14.91 吨，VOCs 排放 5.97 吨。这为廊坊市 2017 年大气污染物减排工作做出了显著贡献。常态化推进“禁炮”“禁烧”工作成绩斐然：燃放烟花爆竹首先会造成噪声污染，产物直接造成大气污染，燃放后的废物还会进一步造成土地、水体污染。2017 年，廊坊市公安机关累计劝阻非法燃放行为 5 749 起，收缴各类烟花爆竹 13 059 箱、孔明灯 434 个。如果这些烟花爆竹在个别日期、个别时段集中燃放，会造成大量 CO 排放，一旦出现年高值，可能直接导致全市的辛苦努力白费。

为进一步加强市三区大气污染联防联控，经市政府研究决定，廊坊市于 2017 年 9 月 1 日成立市双联办。到 2017 年年底，刚好 4 个月。4 个月里，市双联办分组奋战，以技术分析工作为导向，以督导巡查工作为基础，以追责问责工作为鞭策，以综合协调工作为纽带，联结整合属地和市直部门力量协同抗污治霾，强力推动廊坊市大气污染治理工作，实现了市三区大气相关工作统一部署、统一指挥，形成了市级统揽、分区落实、联防联控、靶向治理的工作体系。有效凝合了三区和市直相关部门的工作开展，走活了三区大气污染治理“一盘棋”。

市双联办以廊坊市 $PM_{2.5}$ 特别防治专家组为技术支撑，通过前端部署百套污染源在线监控、12 套国（省）控环境质量在线监测、60 套分布式传感器监测、10 余架无人机区域遥测、8 套机动车路网遥测、1 套立体超级站所组织建立起的立体监测系统，实时收集汇总各类数据。利用环境大数据、预测预报模型等技术，由相关专家实时分析预测并提出工作建议。将市三区和市直（县直）相关部门需要实时防治防控的重点任务，特别是重点区域、重点目标、重点企业发生的污染问题，在微信工作群内发布提示、指导、警示信息，直接指引督察巡查方向。实现了防范在先、控源到企、追源到点、施策到时，为精准科学治霾提供了有力支撑。市双联办还对全市秋冬季大气污染防治重点工作进行常态化、不间断地晨查、夜查；对市三区和市直相关部门大气污染各项防治目标任务、应急任务落实情况进行跟踪督导。通过督导巡查，2017 年 9—12 月，共发现问题 1 201 个。这些问题的发现，暴露出各地各部门工作的空档和软肋，使控污治霾有了更加精准、具体的方向，污染源得到及时控制，防止了污染物在更大范围和更长时间的扩散。

问：廊坊市治霾取得了可喜成果，今后工作该如何持续深化？

答：党的十九大报告指出“坚持全民共治、源头防治，持续实施大气污染防治行动，打赢蓝天保卫战。”过去的 5 年，我们取得了大气污染防治的辉煌战果。2018 年，全市大气污染防治工作，要继续坚持科学治霾、协同治霾、铁腕治霾，围绕切实改善空气质量、持续退出“倒排前十”目标，高质量完成燃煤污染治理、加快产业结构调整、深化车油路治理、推进城区精细化管理、强化重污染天气应急管控、强化执法监管和科技支撑六大方面，20 项重点工作任务：全面完成“双代”工程扫尾；继续实施燃煤锅炉淘汰治理；完善城镇供热规划；强化煤炭运销管控；巩固“散乱污”整治成果；改造提升传统产业；严控 VOCs 企业排放；加强无组织排放治理改造；优化道路通行条件；严控高排放车辆入城；严控油气污染；严控非道路移动机械尾气污染；强化扬尘管理；强化渣土车运输管理，特别是要将轻型（蓝色牌照）渣土、物料运输车辆纳入统一监管，规划合理路线，切实减少道路遗撒；继续加大道路机械化清扫保洁力度，实现市县建成区主次干道和小街巷湿式清扫全覆盖，设立路段长和职责标牌，明确道路保洁责任人，对未达到“以克论净”考核标准的予以资金处罚；继续深入做好秸秆垃圾禁烧、祭祀用品禁烧、烟花爆竹禁放和露天烧烤清理取缔等工作，通过有奖举报、严惩重罚和公开曝光典型案件等手段，营造高压氛围，形成标本兼治的规范化管理长效机制；实施夏季 VOCs 企业错峰管控；严格落实重污染天气应急和取暖期错峰生产；强化执法监管；强化科技支撑。只有真抓实干厚植绿色发展根基，廊坊市发展的步子才能迈得更稳、走得更快。

逐梦生态文明，交好“绿色答卷”，廊坊市在生态优先、绿色发展的道路上阔步向前。在市委、市政府的坚强领导下，2017 年，全市 90 个乡镇全部建立空气质量自动监测站，形成了国省市县企联网、覆盖全市的联防联控自动在线监测体系；廊坊市秋冬防攻坚任务开局形势良好，源头治霾“八清零”工程告捷；针对秋冬季大气污染防治攻坚战企业落实错峰生产、应急响应难问题，在环保部驻市“一市一策”专家组指导下，全市 2 811 家执行错峰生产和应急响应的企业统一安装了“一厂一策”公示牌，较好地解决了错峰生产监管难、应急响应举措落实难、环保部门执法难等问题。这些成果，仅仅是 2017 年廊坊市大气污染防治取得良好战果的一部分。2017 年，廊坊市实现持续退出“倒排前十”，这是全市人民齐心协力、奋力攻坚，持续打赢蓝天保卫战的重大战果。

习近平总书记在党的十九大报告中指出，“中国特色社会主义进入了新时代，我国社会主要矛盾已经转化为人民日益增长的美好生活需要和不平衡不充分的发展之间的矛盾”。着力解决突出环境问题，满足人民日益增长的对美好生态环境的需要，必须坚决、持续打赢蓝天保卫战。2017 年年底召开的中央经济工作会议也确定，要实施好“十三五”规划确定的生态保护修复重大工程。打好污染防治攻坚战，要使主要污染物排放总量大幅减少，生态环境质量总体改善，重点是打赢蓝天保卫战。党中央对打赢蓝天保卫战高度重视，充满必胜的信心。全市人民与党中央同心同德，与省委、市委政治意志高度一致，对新年度持续打好打赢蓝天保卫战充满政治自信、科学自信、行动自信。

为确保打赢廊坊市今冬明春大气污染防治攻坚战，完成国家和省下达的空气质量改善目标，廊坊市制定下发了《2017 年第 9 号紧急督导令》，要求各热力站在 2017 年至 2018 年的秋、冬、春采暖季期间，市区 4 家热力公司 8 个供热站要持续达到准超低排放。同时，从 2018 年 1 月 1 日起，廊坊市全面启动对 90 个乡镇的环境空气质量实施考核。全市 90 个乡镇环境空气质量排名均依据当地环境空气质量细颗粒物（$PM_{2.5}$）和二氧化硫（SO_2）单项指数加和（简称“两项加和指数”）进行排序。每月、季度、半年和年度，由市环保局对全市 90 个乡镇的环境空气质量排名情况及相关数据进行一次汇总，并向社会公布，同时抄送市大气办。遇有应急响应等特殊情况、特殊时段、特殊需要，可随时通报日排名、周排名。各县（市、区）要分别制定本辖区乡镇空气质量考核奖惩办法，并报市大气办备案。对因工作不力，乡镇空气质量长期进入倒数排名的，要严肃问责。在全市范围内所有乡镇统一建立环境空气质量监测站，是省大气污染防治工作的年度任务安排。2017 年 12 月初，廊坊市在全省率先完成这项任务。廊坊市乡镇空气质量自动监测站的建立，对于落实科学治霾、协同治霾、铁腕治霾，把环境监测向全市域扩展，把治霾责任和压力向基层延伸压实，具有重要作用。《廊坊市 2017 年大气污染防治市直部门重点工作考核办法》的出台对于增强精准治霾更具针对性，考核讲评更具准确性，具有现实示范意义。

2013—2017 年，京津冀乃及全国，通过强力开展大气污染防治行动，空气质量得到了根本改善。但是，当前的全球生态环境形势仍然严峻，“污染”与“保护”的矛盾冲突仍然存在。世界各国，正形成共识，持续加大生态环境保护力度。在各地党委、政府普遍认同、践行“绿水青山就是金山银山”，既要生态发展高颜值，又要经济发展高数值、高质量的大背景下，人民群众对环境质量、健康生存权利的追求热度，已自发地向主动参与污染治理转化。这确实是一种好转型、好氛围。这给我们基层政府和相关部门工作人员把大脑中的知识“升级”，找到了一个形成思想、智慧、力量与才干的好机遇。但与此同时，这种良好氛围，也给我们各级政府和相关部门应该如何去顺应、满足、呵护与保护公众这一良好的参与热情，提出了许多的挑战。

环境保护已经成为保障和改善民生的重要内容。群众对于环境质量的良好期待和现实诉求，不应成为政府、部门的负担，而应成为动力。向“现实”去寻求“思想”，其实说透了就是我们基层政府、部门要向群众、向实践“寻求”解决让公众理解和支持环境保护事业的办法和道路。对于在“现实”面前无动于衷者来说，靠媒体、靠手机、靠网络寻求“思想”的做法，已经是很有事业心、责任感了。如果我们在面对“现实”中，从自己的心灵上，再加上或是叫弘扬传统的“面对面”“心贴心”的举措，问计于民、问策于民，在理解中寻求支持、寻求参与、寻求办法，解公众之不满，维公众之权益，效果一定会更好一些。

落实党的十九大精神，全民共治，源头防治，打赢蓝天保卫战，一时一刻一事也离不开广大人民群众。2013—2017 年，廊坊市融入京津冀，强力开展大气污染防治攻坚行动的人民战争。广泛利用媒体资源，深入疏解群众关注的难点、热点、疑点、痛点问题，始终把群众的关注点作为寻求更多满足群众环境权益的落脚点，倾心呵护群众的环保热情，在防霾治污的战场上，蹚出了打好治霾人民战争的新路。

在新时代、新实践、新战役中，我们要进一步相信群众、发动群众、依靠群众，出发点和落脚点必须是为了群众。只有让群众知道了、明白了、理解了，美丽中国，共建共享，才会变成现实。打赢蓝天保卫战，只有不断提高群众的环保意识，激发每个人持久的参与热情，群众的热情才能形成打赢这场人民战争强大推动力。学会经常面对现实难题，寻求解难破困之道，防霾治污工作才会在新时代充满绿洲。

4

“治霾局长”李春元与一线采编记者交流廊坊市治霾经验

刊于 2018 年 6 月 9 日《廊坊日报》1 版　陈正

2018 年 6 月 8 日，廊坊市大气办常务副主任、环保局党组副书记、调研员李春元来到廊坊日报社，以《习近平生态文明思想在廊坊市治霾战场上的生动实践》为题，对廊坊日报社的一线编辑、记者进行了专题培训，并就时下大家共同关心的环保领域话题进行了深入交流。

李春元表示，廊坊市在治霾战场上用“党政同责、以上率下”的真抓实干精神，展示了市委、市政府带领全市上下旗帜鲜明讲政治的壮志情怀。率先提出党政同责，一把手抓一把手，一级带着一级干。率先在全省实施市政府各位副市长管行业必须管环保、管业务必须管环保。率先在全省实施大气污染防治工作雷打不动周调度、关键时期每日调度、日常工作随时调度、对突出问题实行一竿子插到底的调度制度。主要领导做表率传导治霾压力，以上率下。率先在全省实施铁腕执法问责。

2017 年，廊坊市的空气质量优良天数比 2013 年增加了 82 天，达标率增加了 23.1%，重污染天数减少了 52 天，颗粒物、二氧化硫、一氧化碳浓度较 2013 年降幅达 34.1%～69.6%。其中 $PM_{2.5}$ 浓度降至 60 μg/m^3，较 2013 年下降 45.5%。2017—2018 年秋冬防期间，廊坊市的 $PM_{2.5}$ 浓度降至 58 μg/m^3，重污染天数比 2016 年同期减少了 30 天，改善率为 83.3%，在“2+26”城市中综合考评中获得第一名；2018 年 4 月 28 日，河北省大气污染防治工作领导小组通报全省大气污染综合治理考核结果，廊坊市被授予“2013—2017 年度大气污染综合治理先进市”称号，在文件上名列首位。

谈到廊坊市治霾的具体举措，李春元说，2013 年以来，廊坊市在京津冀及周边地区防霾治污的战场上以铁腕治霾、科学治霾为抓手，在协同治霾上为区域空气质量整体改善做出了应有贡献。党政同责、专家引路、科学精准治霾，是廊坊市取得 5 年治霾良好战果的重要经验。特别是 2017 年，廊坊市委、市政府不断强化政治站位，始终把大气污染防治作为重中之重，着力抓好六方面重点工作，较好地完成了大气污染治理任务。一是旗帜鲜明讲政治。坚持把大气污染防治作为扛起首都政治“护城河”责任的重大政治任务，举全市之力向污染宣战。二是科学精准治雾霾。依靠科学突破治理“瓶颈”，持续深化与 $PM_{2.5}$ 专家组合作，科学分析，精准施策。三是治能源结构之本。彻底取缔10蒸吨以下燃煤锅炉，全面实施“煤替代”工程，农村地区基本实现散煤清零。四是治产业结构之本。强力整治“散乱污”企业，全面落实新增产业禁限要求，不贪一时利益盲目发展。五是治交通结构之本。对过境重卡实施远端分流和近程管控，对城区内货车实现证卡管理、限量限时限路段通行。六是铁腕执法问责。对每周综合评价排名落后地区及时兑现惩治措施，深入开展“利剑斩污”专项行动，强力推进工作落实。

李春元表示，全国、全省生态环境保护大会召开之后，廊坊市委、市政府更进一步深刻认识到，生态环境保护工作已经成为新时代全面建成小康社会，实现中华民族伟大复兴的新征程上最为迫切的民生问题。特别是廊坊市作为全国距首都最近的地级市、作为“1+2”核心城市，必须以坚定的信心和决心，站在讲政治的高度，把践行习近平生态文明思想，树立“绿水青山就是金山银山”理念摆在最突出的位置，为不断满足人民群众日益增长的生态环境需要走在全省前列，当好河北生态文明建设窗口，当好首都环境安全“护城河”。全市各地、各部门和广大人民群众与市委、市政府同心治污、同向而行，形成了持续向污染宣战，继续打赢未来3年攻坚战役的强大合力。市委、市政府高度重视，采用超常的举措，一方面，全力抓好中央环境保护督察反馈问题整改“回头看”工作，并举一反三，深挖污染问题；另一方面，着眼把全国、全省两级生态环境保护大会落到实处，结合工作实际，重新谋划了《廊坊市2018年大气污染防治工作实施方案》，确定了全市2018年大气污染防治在燃煤污染治理、产业结构调整、工业污染深度治理、挥发性有机物、车油路治理、城区精细管理、重污染天气应急管控、执法监管监测监控和科技支撑8个方面的35项具体工作。决心以标本兼治、持续防治、奋力攻坚的新的战斗姿态，新的作战成果，不断满足人民日益增长的优美生态环境需要，不断增强广大人民群众的获得感、幸福感。

5

廊坊市：精准治霾退出“倒十”

刊于2018年5月16日《河北日报》5版整版　董立龙 解丽达 卢艳丽

阅读提示：2018年5月3日，生态环境部通报了京津冀及周边地区上个秋冬季大气污染综合治理攻坚行动目标完成情况，河北省有5个市考核为优。其中，廊坊市的$PM_{2.5}$降幅目标完成率、重污染天数下降完成率和重污染天数降幅，均居“2+26”城市首位。曾经，廊坊市是全国74个重点城市排名“倒十”中的常客。但从2016年起，廊坊市就在全省率先退出了“倒十”。在这背后，廊坊市究竟进行了怎样的治霾探索？

专家引路，精准施治

2018年4月25日上午，又一场小型的专家研讨会在廊坊市召开。来自中国环科院、南开大学等院校的多位专家与会，会议聚焦臭氧污染防治及VOCs深度治理。

廊坊市大气质量不断变好，也有新烦恼：过去秋冬季治霾难，现在高温天臭氧治理成了新课题。

回望2017年，廊坊市只有2个月指数偏高，都是臭氧惹的祸。蓝天白云之下，低空却出现了灰蒙蒙的烟带，不解的市民称其为“蓝天下的谜烟”。

专家，就是来解谜的；而研讨会，更是旨在消除这一污染。

参会的冯学军对治理充满信心。这位廊坊市政府副秘书长自2017年10月任环保局局长以来，已经真切感受到专家引路给廊坊市科学治霾带来的显著成效。

回溯到2013年，霾，对于大多数人来说，也是个谜。

那一年，廊坊市开始治霾。但一年忙下来却有点困惑：廊坊市在全国74个重点城市里的排名，就像一个乱蹦的皮球，忽上忽下。最好时，倒排第38；最差时，倒排第5；全年算账，仍旧在“倒十”。

治霾不能打糊涂仗！廊坊市委、市政府认识到，这样下去不行，一定要把污染成因搞清楚，实施精准施治。

恰好，由一些国内外大气污染防治专家组成的“千人计划”$PM_{2.5}$特别防治小组（以下简称专家组），正在寻找战场。双方一拍即合，自 2014 年起，廊坊市开始探索精准治霾新模式。

与以往邀请的“走读式”“客座式”专家不同，专家组一入驻，就对廊坊市的地理条件、周边环境、污染排放情况开展了专项调研、完整评估。

而今，专家组几十名工作人员就驻扎在廊坊市环保局六楼，全程指导治霾。

2018 年 4 月 23 日下午，专家组秘书长胡海鸽打开“廊坊市空气质量实时管控平台”，他随手点击一处方格，屏幕上立即显示出该区域内的污染物排放指数、气象数据，以及主要的污染源。

“这是国内市一级建设的首套空气质量智能实时管控平台。”胡海鸽介绍，平台纳入了实时的气象数据、大气质量监测数据、工业数据等，依靠“传感器+大数据”的技术支撑，利用环境大数据、预测预报模型等，建立起了基于地理信息系统的图文实时展示系统。

建平台，廊坊市花了 4 000 万元。当时，方案一出，质疑声立马响起，“上边怎么安排咱怎么干不就行了？这样乱投入，损失会不会比雾霾带来的更大？”

“治霾是场硬仗，越是攻坚克难的阶段，越是‘啃硬骨头’的时期，就越要尊重科学、精准施治。”廊坊市委书记冯韶慧是 2014 年引进专家组的主持者，他认为，专家引路，精准施治，才能让廊坊市实现蓝天常在。

基于这样的理念，廊坊市实现了对全市大气污染防治工作的科学调度、科学决策。2017 年的 $PM_{2.5}$ 年平均浓度比 2013 年下降了 45.45%，持续退出“倒十”。

“我们从早到晚都要守在这里，数据一小时一更新，有情况及时沟通解决，这叫‘小时保天’。”一位专家组成员介绍，他们目前可以按照“小时保日、日保周、周保月、月保年”的精准管控模式，为各部门提供精细化到每小时的实时调度方案。

2017 年，环保部也向“2+26”城市派出了专家组。负责该项工作的中国环科院首席科学家柴发合表示，派出这些小组就是借鉴了廊坊市的实践经验。

治霾第一战役，打的就是一场认知和决策之战。这一仗，廊坊市赢了。

会商决策，精准防控

廊坊市有个“小想法”：希望把治理污染的过程作为追赶前列的机遇和契机。

没错，他们已经掌握了这样的办法，那就是建立多部门和专家组共同参与的会商机制。

2018 年 4 月 24 日上午，廊坊市大气办指挥调度中心，又一场会商开始。来自廊坊市大气办、应急办、气象局等部门的负责同志坐在桌子的一面，对面坐着专家组成员。

因为 3 天后要经历一场污染过程，所以这次会商主要聚焦于可能出现的污染程度，以及是否启动应急、启动几级应急响应。

一番争论之后，当天的会商最终通过了启动应急响应的决定。

“我是主张启动应急响应的，因为从4月26日开始出现的高温天气极容易导致臭氧浓度增加，而且正赶上五一放假，机动车大量出行排放的VOCs，也为臭氧产生提供了更多的条件，我们不能等重度污染发生了再去启动应急响应！”廊坊市大气办副主任李春元说。

事实上，有了专家组以及智能平台的支撑，廊坊市预判重污染天气的准确率已达99%以上，并可以为治霾提供精细化到每小时的实时调度方案。

在此基础上，廊坊市决定尝试对污染过程进行精准防控，也就是要通过研讨会商，提前预判污染程度，采取针对性管控措施，实现污染降级。

据李春元介绍，这样的探索，开始是冒着被处分的风险来推进的。

2016年冬，一轮重污染天气来袭。结果，电子屏上出现了“万红丛中一点绿”，周边都是红的，而廊坊市却是绿色的。就此，很多人的第一反应都认为廊坊市在造假。

上级环保部门也是这样认为的，先后派出督察人员和环境监察人员多次前来检查。结果，不管采用什么样的设备、什么样的方式，都没查出问题。

其间，廊坊市的空气质量指数峰值只在单个小时内达到了296，而周边区域则大多爆表。

面对环保部门的深入调查，廊坊市“交了底儿”：“根据专家会商的结果，我们的应急响应提前36小时就启动了，因为只有这样，才能最大限度缓解污染物的积累。”

“廊坊市地势低洼，重雾静稳天气一旦出现，污染物难以扩散。”李春元介绍，应对这样的天气，当地能做的就是提前减少污染物的积累。而按照现行的规定，应急响应需具备一定的条件才能启动，用上述规定去评判，廊坊市“犯规”了。

看似冒险，实则把握住了污染规律。也正因如此，那一年，廊坊市首次退出了“倒十”。

2018年4月28日零时，重污染天气橙色预警之下，廊坊市再次启动了Ⅱ级应急响应。

这座城市开始忙碌起来。数天前的会商方案开始实施，各项举措有条不紊地落实。

全市所有涉及VOCs排放的企业，第一时间停产、限产，督察连夜开始；早高峰过后，市区内环卫部门的洒水车、雾炮车开始了不间断作业；傍晚，放假带来的出行高峰显现，交警部门增派警力，确保通行，减少怠速污染……

传导压力，形成合力

“18：08 双联办督察组2555号污染源问题反馈，已对施工单位进行批评教育，车辆出入已按要求冲洗。”

“18：15 双联办第2560号问题反馈，南故城村西口垃圾焚烧火已灭，已对网格员、村干部进行批评教育。”

……

这是2018年4月23日傍晚，出现在廊坊市大气污染治理“蓝天行动群”里的一条条信息。

这个微信群，已经成为廊坊市、县两级党政主要领导、主管领导，市直（县直）相关部门领导和专家组成员共享信息、通报问题、发布指令、回应反馈的新平台。廊坊市长陈平几乎每天早上7点都要第一个在群里做讲评、发指令。

按照要求，查出的污染问题要第一时间通报给县一级的主要领导，而后者必须在2小时内做出反馈。

类似这样的治理举措，如今已成常态。坚持问题导向、靶向施治，正是廊坊市治霾的又一特点。

据了解，每周五，廊坊市委、市政府主要领导都会准时出现在市大气办指挥平台，挂图作战，分析形势、通报问题，调度全市大气污染防治工作，形成了大气污染防治“抓一把手”和“一把手抓”的压力传导机制。

坚持靶向施治，前提是需要能够及时找到靶子、发现问题。

2017年12月，廊坊市在全市90个乡镇建成了小型空气质量自动监测站，在全省率先把对大气质量监测的触角延伸到了每个乡镇。此前，以分布式传感器监测设施为代表的各种在线监测设施已经布设到全市。

2017年是国家实施“大气十条”第一阶段的收官之年。这一年，廊坊全市共取缔各类“散乱污”企业12 003家，治理3 861家VOCs排放企业，取缔市民散用的小炉具100多万台。

从散煤“清零”替代，到钢铁产能逐步退出，从“散乱污”企业全域整治，到传统产业全线升级……5年过去了，当很多城市还在为 $PM_{2.5}$ 浓度下降而大力攻坚时，廊坊市已经跨入了新阶段。

新阶段下的廊坊市治霾，正在逐渐告别“运动式”的治理方式，告别“一刀切”的治理举措，开始更加注重依法依规、更加注重疏堵并举。

起步于20世纪的文安人造板行业，产业基础雄厚，但“散乱污”问题严重。当地开始治理之后，短短3个月，就关停整顿人造板生产企业2 000余家，取缔扒皮厂、粉料厂、劈板厂等原料加工厂5 000余家，淘汰燃煤锅炉1 529台。

与此同时，文安与中国林科院就建立木材工业技术研发中心签署协议，谋划建设国家级研发中心、质检中心，帮企业制定标准、更新技术、研发产品、改进流程。

而李春元感受最深的就是在压力传导下，责权利更加明晰，治霾从环保部门的单打独斗，变成了各部门的齐抓共管，变成了政府和公众的齐心合力。

6

党政同责拧成一股绳　常抓不懈拼出好天气

刊于 2018 年 2 月 23 日《中国环境报》2 版　张铭贤 卢艳丽

河北省廊坊市作为京津冀大气污染防治“2+26”传输通道城市中的“1+2”核心城市，污染防治任务重、压力大。廊坊市委、市政府将大气污染防治摆在全局工作的突出位置，党政主要领导亲自抓，强力调度指挥，形成了一套党政同责、以上率下、常抓不懈的工作机制，治理成效不断显现。

监测数据显示，2017 年廊坊市的 $PM_{2.5}$ 年平均浓度为 60 μg/m^3，同比下降了 9.1%；较 2013 年下降了 45.5%，超额完成了国家《大气污染防治行动计划》（以下简称“大气十条”）确定的目标任务。2018 年 1 月，廊坊市的 $PM_{2.5}$ 浓度为 47 μg/m^3，同比下降了 63.0%，空气质量达到历史最高水平。

不到 3 年时间，市委、市政府召开 120 多次调度会

自 2015 年上半年开始，每个周五，廊坊市委、市政府主要领导都会准时出现在廊坊市大气办指挥平台，挂图作战，分析形势、通报问题，调度全市大气污染防治进展。

截至 2017 年年底，在不到 3 年时间里，廊坊市委、市政府已召开这样的调度会 120 多次，形成了大气污染防治“抓一把手”和“一把手抓”的压力传导机制。

“在廊坊市，市政府各位副市长全部分担大气污染防治责任，管行业必须管环保，‘党政同责’‘一岗双责’，率先尽责。”廊坊市大气办副主任李春元介绍说，在特殊时期，如重污染天气过程中，廊坊市委、市政府还坚持每日调度、现场调度；市、县党政主要领导经常是不分昼夜到一线督导巡查，党政同责、以上率下。

对突出问题实行一竿子插到底的调度制度是廊坊市“党政同责”抓治霾的又一亮点。2017 年 5 月，因“散乱污”企业问题，廊坊市文安县被环境保护部挂牌督办。廊坊市委书记冯韶慧、市长陈平连续数月亲自带队，先后 8 次利用双休日到文安、霸州、大城南三县（市）现场办公，指导当地加快整治“散乱污”，推动产业转型升级，短短几个月时间，南三县的环境治理发生了巨变。

2017 年 11 月 21 日，京津冀及周边地区“散乱污”企业整治暨秋冬季大气污染综合

治理攻坚阶段总结现场会在廊坊市文安县召开。文安县通过整治“散乱污”实现社会效益、经济效益和环境效益多赢的做法得到充分肯定。

尽职免责，失职追责。廊坊市纪委成立督察问责组，采取约谈、通报、问责等形式，严肃处理行动迟缓、不较真、不负责、敷衍应付的党员干部，推动了各项治理措施的落地生效。廊坊市委组织部把大气污染防治工作纳入各级领导班子、领导干部的考核范围，严格落实“一票否决”制度，充分调动各级干部治理积极性。

各职能部门各县（市、区）治污拧成一股绳

“廊坊市通过五年‘大气十条’的执行，最大的收获是从媒体到党委政府再到公众都形成了一个共识，即污染防治不仅仅是环保部门的事情，而是各个部门和全社会都得参与。”李春元说，现在很多部门依照相关法规都在主动承担责任。

例如，在油品管理上，按照职责是商务局管加油站营业执照、工商局管油品、环保局管油枪。廊坊市指定商务局牵头油气治理工作，大大提升了治理效果。

住建部门严格管控市主城区各类工地施工扬尘，交警部门严格落实大车管控措施，商务部门监管的油品市场管理逐年向好，城管部门整治露天烧烤见实效，公安机关累计劝阻非法燃放行为 5 749 起，确保了禁燃禁放政策执行到位……

为进一步加强城市建成区大气污染联防联控，2017 年 9 月 1 日，廊坊市组建了主城区大气污染联防联控指挥部办公室（以下简称双联办），将廊坊市三区、市直相关部门大气污染防治工作统筹规划、统一安排、统一指挥、统一监管，凝聚起治霾合力。

截至 2017 年年底，廊坊市双联办成立 4 个月内，通过督导巡查共发现问题 1 201 个。同时，对问题较为突出的廊坊市广阳区万庄镇、安次区杨税务乡、永清县城区街办处，廊坊市双联办进行了公开约谈，推动了突出环境问题的加快解决。

全民参与为治霾提供不竭动力

“原来在城市洒水车问题上，不少群众有疑问，甚至有怨言，我们一方面通过改造喷水车，采取错时喷洒等措施，尽最大限度减少对公众的影响；另一方面通过媒体不断宣传洒水可以抑制臭氧污染的形成，保护公众健康。”李春元介绍说，通过不断宣传，现在老百姓逐渐理解了大气污染防治的目的是保护公众健康，进而从行动上更支持环保工作。

据了解，廊坊市充分利用媒体资源不断加大宣传力度，强力营造全民治霾氛围。2017 年秋冬季大气污染防治攻坚战启动后，廊坊市围绕去产能、“散乱污”治理等 33 项重点任务，及时破解、及时发布。2017 年，廊坊市共围绕大气污染防治工作召开新闻发布会 46 次，通报各类环境问题 5 000 多个，解读公众关心的热点问题 20 多个。

李春元表示，下一步，廊坊市将广泛利用媒体资源，深入疏解群众关注的难点、热点、疑点、痛点问题，在防霾治污的战场上，蹚出打好治霾人民战争的新路。

7

锤生不忘初心的“廊坊市治霾精神”

刊于2018年12月18日《廊坊日报》15版整版　吕新颖 李娟

廊坊市的环境保护工作起步于1973年，伴随着廊坊市经济社会发展走过了40多年的历程。为了碧水蓝天，廊坊市环保人一直在栉风沐雨中砥砺前行，凝聚各层各界与市委、市政府同心同德保蓝天绿地碧水。

尤其是党的十八大、十九大以来，在习近平生态文明思想引领下，在生态环境部，省委、省政府和市委、市政府的坚强领导下，动员部门、企业、公众上下一心、真抓实干、勇于探索、服从大局、敢于担当，凝结和锤炼了“党政同责、以上率下”“专家引路、精准防治”“服从大局、敢于担当”的廊坊市治霾精神，这种精神在廊坊市大地上焕发出推进生态文明建设的勃勃生机，显示出强大威力，作为一笔宝贵的精神财富，镌刻上廊坊市高质量发展里程碑。

“党政同责、以上率下”的真抓实干精神

习近平总书记指出，“生态文明建设是关系中华民族永续发展的根本大计。”

2013年，全市大气污染防治工作在党中央的统一号令下统一打响。当时，廊坊市的空气污染已显严重。基本是风天污染飘、雾来霾加重，特别是秋冬季，三天两头遭遇污染爆表的威胁。在国家制定“大气十条”、开展5年攻坚行动背景下，市委、市政府敏锐地意识到，生态环境是关系党的使命宗旨的重大问题，也是关系民生的重大问题。廊坊市紧邻北京，区位特殊，保卫首都的环境安全，责任重大，责无旁贷。从那时起，市委、市政府把践行“绿水青山就是金山银山”的理念摆上最突出的位置，自觉地扛起了首都环境护城河、政治护城河重任，紧紧盯着党中央、国务院和省委、省政府大气污染防治各项工作部署，死死盯住突出问题，毫不犹豫，痛下决心，开始向污染宣战。

多年来，市委、市政府的主要领导始终坚持把大气污染防治工作抓在手上，记在心上，率先提出党政同责，一把手抓一把手，一级带着一级干。引导全市形成治霾合力和行动自觉；率先在全省实施市政府各位副市长管行业必须管环保、管业务必须管环保的

工作机制。率先在全省实施大气污染防治工作雷打不动周调度、关键时期日调度、日常工作随时调度、对突出问题实行一竿子插到底的调度制度。主要领导做表率传导治霾压力，以上率下。深夜调度时，书记、市长躺在环保局沙发上睡一会儿；应急天，书记、市长零点调度、深夜到一线调度更是常态。率先在全省实施铁腕执法问责。深入开展“利剑斩污”“双随机”抽查、“碧水 2018”、涉酸企业排查“雷霆 2018”、大气执法等各类环境执法行动。截至 2018 年 11 月底，立案处罚 1 262 件，处罚金额 6 089.83 万元，查封扣押 45 件，限停产 3 件，移送拘留案件 98 件，涉嫌环境犯罪案件 9 件。

“专家引路、精准防治”的探索精神

2013 年，廊坊市大气污染防治工作在整个京津冀地区都处于仓促应对的情况下匆忙上阵。经过实践探索，市委、市政府敏锐意识到，只有精准治理，才是求得实效的科学之路；只有用科学的精神、科学的态度、科学的方法、科学的决策作支持，才能形成科学的战果。

为了不走弯路、少走弯路、减少盲目、科学施策，2014 年 2 月，市政府与中组部“千人计划”海创智库 $PM_{2.5}$ 特别防治小组签订了《廊坊市 $PM_{2.5}$ 防治战略合作框架协议》。自此，$PM_{2.5}$ 特别防治小组与全市上下形成了廊坊市向污染宣战的巨大合力。一项项防治建议、一条条防治举措、一天天实时指导、一次次跟踪问效、一场场攻坚战役，$PM_{2.5}$ 特别防治小组成为市委、市政府科学治霾的智囊团、攻坚的战斗队。

为给科学治霾长期作战提供支撑，2017 年 5 月，廊坊市还依托专家组建立了廊坊市智慧环保产业研究院，把 10 名院士、百名专家的治霾科研成果引入廊坊市，集约发酵。4 年多来，专家团队通过发挥廊坊市这个优越治霾实验基地的作用，先后培养出 200 余名专业治霾人才，并把其中的 100 多名人才输送到全国 20 多个城市，推动廊坊市科学治霾战果向协同治霾战场转化。与此同时，廊坊市下大力、投本钱，不断提升监测指挥能力，在全市 90 个乡镇全部建立空气质量自动监测站，与国省控空气质量自动监测站和全市 3 000 多家企业在线监控、5 000 多个传感器监控设备联网运行，逐步形成了覆盖全市的联防联控体系。

“服从大局、敢于担当”的战斗精神

污染无边界，治霾须协同。几年来，市委、市政府带领全市人民，以壮士断腕、刮骨疗毒的战斗精神，在京津冀及周边地区“2+26”城市治霾战场上，用主动服从国家生态文明建设大局和敢于担当、勇于牺牲奉献的精神，自觉融入和服从协同治霾需要，为首都环境安全和京津冀地区空气质量实现根本好转做出重要贡献。

建“无钢市”和“禁煤区”，治能源结构之本。强力整治“散乱污”，通过企业转型、产品转型、区域转型治产业结构之本。仅 2017 年就强力整治“散乱污”企业 12 003 家，2018 年又新排查出“散乱污”企业 1 788 家，并动态整治到位。强力去钢铁产能，探索出市场化去钢铁产能新模式。2017 年上级要求廊坊市在 2019 年前建成“无钢市”。面对钢厂去留、财政收入将受到极大影响的抉择，市委、市政府果断服从大局，2017—2018 年，霸州市新利钢铁、前进钢铁和安次区洸远钢铁有限公司先后顺利停炉，退出钢铁市场，剩余的 1 家也将在上级要求的时间内完成去产能任务。

“服从大局、敢于担当”的精神不仅体现在市委、市政府的果断决策上，还体现在全市上下众志成城、齐心攻坚的点点滴滴上。廊坊市大气污染防治处就是一个全市上下齐心抗霾的缩影。大气处组建于 2013 年廊坊市治霾攻坚最艰辛的时刻。几年来，既要完成市委、市政府赋予市环保局的大气污染防治多项艰巨任务，又要肩负市委、市政府大气污染治理办公室协调、指导、检查、考核等繁重任务。从组建之初的只有 5 人，到 2017 年增至 8 人，大气处的每个成员，一直勇挑重担，激情奋战，无怨无悔，先后撰写、下发工作计划、通报、简报、督导令等文件 3 000 余份。今年 2 月 7 日，廊坊市大气污染防治处被人力资源社会保障部、环境保护部授予“全国环境保护系统先进集体”。

回首荣光群英在，更有英模洒汗多。在廊坊市的治霾战场上，从市委、市政府、市人大和市政协四套班子领导到市直相关责任部门和全市各县（市、区）、社会团体、人民群众，在贯彻环保相关法规、共同捍卫民生的奋进中，形成了不忘初心、众志成城、共同担当、共创美好家园的强大战斗力。

……

回首往事心慰藉，为民奉献报春晖。在 2018 年召开的全国生态环境保护大会上，习近平总书记为我们描绘了一幅让老百姓吃得放心、住得安心，蓝天白云、繁星闪烁，清水绿岸、鱼翔浅底，鸟语花香的新时代生态文明田园风光。如何立足廊坊市全方位建设生态文明，实现这美好的愿景？唯有深刻践行习近平生态文明思想，全市上下进一步形成合力，持续推进大气污染防治向未来 3 年攻坚战役高歌猛进，撸起袖子加油干，在防霾治污的战场上，探索出一条打好治霾人民战争、高质量发展的新路。这也是廊坊市的治霾精神！

8

廊坊市以“三个精准”深入打好蓝天保卫战

载于2022年1月7日中国环境App　朱淑贞

“十四五”开局之年，地处北京南大门的河北省廊坊市，以实施首都环境生态护城河工程为目标，通过落实精准治理、精准防控、精准执法3项创新举措，深入打好大气污染防治攻坚战。2021年，廊坊市的$PM_{2.5}$浓度为37 μg/m^3，同比下降了11.9%；优良天数为264天，同比增加了12天；重污染天数为6天，同比减少了5天，为高标准完成“十四五”空气质量改善目标奠定了坚实根基。

精准治理。针对前两年由于夏季臭氧污染较重影响优良天指数的现实，廊坊市紧紧抓住夏季臭氧污染防控薄弱环节，谋划实施了差异化错时生产、差异化减排限排、差异化深度治理、差异化执法监管和差异化资金奖补“五个差异化”管控举措，从而有效调动了涉挥发性有机物排放企业深度治理积极性，使全市1 600多家涉挥发性有机物排放企业污染治理设施实现了由低端循环向高端跃进的治理成果。2021年因臭氧损失的优良天同比2019年减少了31天，比2020年减少了24天。

精准防控。廊坊市把融入京津冀及周边地区大气污染协同防控作为谋求本地空气质量持续改善和在“十四五”期间基本消除重污染天气的主要措施之一。无论是气象条件有利于污染物扩散还是防控形势艰巨时段，廊坊市都始终做到精准防控不松懈，协同防控不松劲，持续攻坚不打折。全年攻坚，每当遇有不利于污染物扩散的气象条件产生，廊坊市都主动率先请专家小组提前会诊分析本地及周边城市污染源排放情况，及时启动相应级别的重污染天气应急响应，为京津冀及周边地区和本市重污染天气“削峰减频”夯实根基。

精准执法。为做到精准执法求实效，最大限度减轻生态环境执法对企业正常生产的影响，廊坊市探索总结出了准确锁源、展开执法行动、督办整改查处、公开曝光污染问题、反馈相关情况的“五步执法模式”，充分利用空气质量管控、分表计电、在线监测、高架源视频监控等监控监管平台锁定的污染源信息和各级通报问题及群众举报的污染问题为导向，通过综合研判高污染值、超标超限值信息，在精准锁源的基础上，及时安排网格执法人员现场检查核实污染问题，达到迅速控制污染源的目的，从而不仅有效提升了执法效能，而且有力克服了环境执法的盲目性，最大限度释放了“放管服”改革效力。

9

廊坊市 2022 年前两个月的空气质量实现三个新突破

刊于 2022 年 3 月 4 日《河北日报》 周禹佳 朱淑贞 田硕

$PM_{2.5}$ 浓度首次降至“4 字头”、优良天数首次上升至 70%、首次实现重污染天数归“零”，2022 年前两个月，廊坊市空气质量首次实现三个新突破，人民群众的蓝天获得感、幸福感日益增强。

2013 年开展大气污染防治工作以来，随着建设“无钢市”、百万余户城乡居民实施清洁取暖替代、整治 1.6 万余家“散乱污”、重点行业企业实现超低排放、淘汰 1 万余辆国三及以下排放标准营运柴油货车等优化调整能源、产业、交通运输结构多项措施的实施，廊坊市污染物排放量连年下降，减排空间日益收窄。

聚焦“十四五”深入打好大气污染防治攻坚战、基本消除重污染天气的目标要求，廊坊市坚持精准治污、科学治污、依法治污，保持力度、延伸深度、拓宽广度，多角度深挖减排潜力，向协同治理拓展，向深度治理延伸，向精准治理求效，不断推进空气质量持续改善。

空气质量的改善离不开大气污染治理工作的持续开展。廊坊市抓住“两高”污染大头，精准治理传统产业污染源头，切实肃清污染巨头，以咬定青山不放松的劲头，持续发力。同时，扎实落实京津冀及周边地区联防联控方案，对部分污染重、排放量大、经济影响相对较小的企业和车辆采取临时性管控，措施精准到具体企业、具体工艺、具体设备和具体车辆，使各地知道了防什么、治什么、控什么、管什么、干什么，真心实意精管真控。

面对现有燃煤供暖锅炉较多、燃煤锅炉污染物排放占比较大的现状，供暖期间，廊坊市对全市燃煤锅炉供热站实行 24 小时驻厂监督，向 35 个燃煤供热站点派驻 105 名驻厂监督员，建立“廊坊市供热企业治污群”，所有燃煤供热企业驻厂员每小时在群内向市大气办报送实时监测数据和加药视频资料。

“如今，二氧化硫排放数据长期稳定在 1 mg/m³ 以下，较改造完成前的平均浓度下降明显，减排效果显著。”三河新源供热三中心供热站点工作人员刘艳龙说。年初，三河新源供热三中心供热站点完成 4 台单碱法锅炉脱硫工艺技术改造工作，实现了双碱法（新型钙法）脱硫工艺效果。

截至 2022 年 1 月底，廊坊市完成了全部 13 台单碱法脱硫治理工艺燃煤锅炉的升级改造，并对所有燃煤锅炉安装分布式控制系统（DCS），充分利用污染源在线数据，对超标或接近超标限值的及时通报提醒，并组织执法力量不定时现场监督检查，确保驻厂员 24 小时到位，供热企业足量加药到位，实现燃煤锅炉持续稳定超低排放。

同时，充分考虑燃煤锅炉现状，持续推进燃煤锅炉清洁能源替代，力争今年完成清洁能源替代或并入热电联网燃煤锅炉 27 台，全力减少燃煤锅炉污染排放，力争“十四五”实现燃煤锅炉“清零”。

在工业企业污染管控上，廊坊市实施精准化清单式管理，秋冬季污染重点时段，将减排管控措施精准到具体企业、具体工艺、具体设备和具体车辆。2018 年年初开展的全市生态环境问题“一次清 • 大帮扶”行动，力争全面排除企业生产过程中存在的动态环境问题隐患。

此外，廊坊市不断推进餐饮油烟污染治理，按照“分类管控、试点推进、规范提升”原则，推动市主城区 520 家重点餐饮企业餐饮油烟达标治理，在广阳区试点先行，全面推进餐饮企业和机关、院校、企业食堂餐饮油烟同步治理，聚合求效，实现“三个百分百”，即治理设施百分百安装、百分百有效运维、百分百排放达标，有效减少餐饮污染排放。

在城区防控力度不减的同时，廊坊市逐步加大城乡联防联控力度，加大散煤复燃、生物质燃烧、露天秸秆垃圾焚烧等管控力度，深入推进农村环境整治和农业面源污染防治工作，形成城市、农村“两手抓”的工作格局。

烟花爆竹燃放是形成时段性重度污染天气的源头之一。廊坊市紧盯重点时段，深度落实“全区域、全时段、常态化”烟花爆竹禁燃禁放的管控要求，在全市开展烟花爆竹禁运禁售禁燃禁放工作和烟花爆竹隐患排查及打非治违专项行动。自行动开展以来，共办理涉烟花爆竹刑事案件 5 起，刑事拘留 8 人；办理行政案件 571 起，行政拘留 95 人，共收缴烟花爆竹 11 135 箱。全市范围内形成了烟花爆竹禁燃禁放的高压态势，管控成效明显。

2018 年的前两个月，廊坊市的 $PM_{2.5}$ 平均浓度为 43 μg/m^3，实现自 2013 年开展大气污染防治工作以来的 $PM_{2.5}$ 浓度 40+新低，较 2021 年的 54 μg/m^3 下降了 20.4%，较 2013 年的 177 μg/m^3 直降 75.7%；优良天为数 46 天，较 2021 年的 41 天增加了 5 天，较 2013 年的 11 天剧增了 35 天，优良天数比率上升到了 78%，首次突破 70%；全市未出现重污染天，较 2021 年同期减少了 2 天，较 2013 年同期减少了 31 天，实现 10 年来同期重污染天数首次归“零”。

新年伊始，廊坊市正深入谋划实施工业企业全面达标排放、柴油货车污染治理、扬尘面源污染治理、产业集群升级改造、燃煤锅炉清洁能源替代、餐饮油烟整治、臭氧污染防治、重污染天气消除八大攻坚行动，推进空气质量持续改善，确保“十四五”大气环境改善目标任务高质量完成。

10

2021—2022 年秋冬季廊坊市大气污染防治攻坚取得有监测记录以来的最好成绩

刊于 2022 年 4 月 5 日《廊坊日报》2 版头条　刘玉静 朱淑贞

记者从廊坊市大气办获悉，2021—2022 年秋冬季大气污染防治攻坚战过程中，廊坊市取得了自有监测记录以来的历史最好“战绩”：$PM_{2.5}$ 平均浓度为 43 μg/m^3，同比下降了 17.3%，在“2+26”城市中正排第 2 名，仅次于北京；重污染天数 2 天，较去年同期减少了 3 天，$PM_{2.5}$ 平均浓度和重污染天数均创秋冬季有监测记录以来历史同期最高水平。特别是 2018 年第一季度，廊坊市空气质量持续向好，综合指数为 4.21，同比下降了 21.2%；$PM_{2.5}$ 平均浓度为 43 μg/m^3，同比下降了 25.9%；PM_{10} 平均浓度为 73 μg/m^3，同比下降了 27.0%；优良天数为 71 天，同比增加了 16 天，优良天数比率达 78.8%；无重污染天，实现自 2013 年开展大气污染防治工作 10 年来的首次“清零”。

据了解，在 2021 年 10 月—2022 年 3 月秋冬季大气污染防治攻坚期，廊坊市结合实际制定实施《廊坊市 2021—2022 年秋冬季大气污染综合治理攻坚行动方案》，围绕重点时段空气质量保障、重污染天气应对、能源结构调整、产业结构调整、运输结构调整、面源污染治理、工业企业治理、挥发性有机物治理 8 个方面，细化明确了 35 项重点任务并逐月分解设定了空气质量改善目标。畅通完善工作机制，实施 24 小时值班值守工作机制，对工业企业污染超标、乡镇污染高值、重污染天气应急响应措施不落实等问题，第一时间交办、第一时间核查、第一时间查找问题原因、第一时间整改消除、第一时间反馈。同时，对经常出现污染高值的乡镇和园区污染问题，实施定点定位帮扶，深入分析原因，核查整改，重点盯办，及时解决相关问题。

深挖工业企业减排。全市完成火电、水泥、玻璃、陶瓷行业 6 家企业的无组织排放治理，淘汰 4 台煤气发生炉，完成 3 座燃煤工业炉窑清洁燃料替代和 20 台其他行业工业炉窑深度治理，全市 86 台燃煤锅炉全部安装分布式控制系统（DCS），进一步提高自动化监管水平。完成 13 台燃煤锅炉单碱法低效脱硫工艺新型钙法脱硫升级改造，实现 SO_2 稳定超低排放。实施燃煤供热站驻场监管制度，向 35 个供热站派驻 105 名驻厂员 24 小时驻厂监督，确保各项污染物稳定超低排放。

深挖移动源和面源污染减排。开展国三及以下排放标准营运柴油货车淘汰“回头看”，常态化开展路检路查、入户抽查等，处罚违法行为 614 起。开展非道路移动机械检查，常态化开展成品油市场综合整治，处罚油品质量案件 4 起，发现并处罚整改黑加油站点（车）19 个。推进“六尘共治”，加强施工工地扬尘管控，将城市建筑垃圾、渣土运输车辆纳入规范化管理，安装定位系统并联网，常态化开展垃圾秸秆露天焚烧整治、烟花爆竹禁燃禁放管控、秋冬季散煤管控“百日会战”、散煤复燃专项检查等行动，严控面源污染。

深化 VOCs 治理“夏病冬治”。对全市 2 000 余家重点涉 VOCs 行业企业、531 家加油站油气回收设施全面开展排查整治；对 17 批次油漆涂料、13 批次胶黏剂 VOCs 含量限值进行抽查检测 345 次；192 家印刷企业完成低 VOCs 含量涂料替代，169 家企业完成 VOCs 无组织排放整治、72 家企业完成深度治理。开展源头替代、工艺过程、无组织管控、末端治理等全流程治理评估，提升涉 VOCs 企业精细化管理水平，实施“一厂一策”。印发实施安次区包装印刷行业“一行一策”治理方案，加快传统行业污染整治提升进度。加大餐饮油烟治理力度，发现问题 263 起，完成整改 238 起，改造升级 25 起。

科学修订重污染天气应急减排清单，减排措施细化到具体企业和具体生产线、生产环节、生产设施，持续实施绩效分级差异化管控，严格落实减排措施。发布 8 次重污染天气橙色预警，严格落实各项应急减排措施，有效应对重污染过程。同时，积极落实河北省生态环境监管正面清单制度，突出服务保障重点项目建设和重大民生工程，将全市符合条件的 306 个企业（项目）列入生态环境监管正面清单，在重污染天气期间，实施差异化管控，在确保污染防治设施有效运行、污染物达标情况下，不停产、不限产、少检查、不打扰。

11

向转型要蓝天

——廊坊市暨南部三县治理“散乱污”纪实

2017 年 4 月 5 日上午，环保部赵英民副部长率督察组到廊坊市检查工作，发现文安县左各庄镇人造板产业聚集区污染严重、环境脏乱差。文安县“散乱污”问题被环保部挂牌督办，要求限期整改。半年后，这里通过燃煤锅炉取缔、环境综合整治、企业提标、产业升级，空气质量发生了翻天覆地的巨变……

廊坊市拱卫京津，背靠雄安，与京津雄田水相连，是全国距首都天安门最近的地级市，是首都环境安全的护城河。特殊的区位，决定了廊坊市在治理环境污染上必须承担更加特殊的责任和使命。

廊坊市共有 10 个县（市、区）。文安县位于廊坊市南部，与霸州市、大城县并称南三县。这里与新生的雄安新区地理相连、生态一体。

近年来，在环保部和河北省一轮紧逼一轮的环保督察下，南三县对塑料化工、电镀加工等“散乱污”企业强力实施了取缔治理。但长期以来自发形成的钢铁压延、有色金属、人造板材、保温建材等民营产业仍然红红火火，呈现大群体、小个体状态。各类产业聚集区小企业、小作坊的无组织排放和以燃煤为主的能源使用结构、以重型柴油车为主的交通运输结构，使这里乌烟瘴气，大气污染十分严重。

文安县人造板产业是南三县散乱污企业最为集中的地方，共有 7 000 多家大大小小的企业、摊点，主要分布在左各庄、滩里和大柳河 3 个乡镇。每天进进出出运送燃煤、木料、板材的重型柴油车和冒黑烟的小型机动车辆不下 5 万辆；每天扒皮子、粉木料、劈板材的 5 000 多家原料企业，持续不断地向空中排放粉尘；2 000 多家人造板生产企业，使用上千台燃煤锅炉，每年燃煤上百万吨。因此，这里的空气尤其糟糕。环保部赵英民副部长在左各庄镇检查了数家人造板企业后严肃批评道：“这是我见到的最脏乱的地方！”

环保部督察组前脚离开，市委、市政府主要领导就连夜给我们开会，严肃要求我们加快产业转型，对无序发展了 30 多年的人造板产业聚集区，立即开展全面整治，脱胎换骨求新生。

对县域支柱产业进行刮骨疗毒式的治理，是一场触及各方利益的革命。文安县态度坚决、借势而为，雷厉风行使出重拳，分三步向“散乱污”展开决战。

第一步，主官挂帅、全县动员、大造声势、先停后治。全县 7 000 多家人造板企业在一周内全部停产、分类整治。

第二步，制定标准、树立标杆、严打违法、强力取缔。通过把转型提升的标准制定在前头、把标杆企业树在前头、把“两断三清”要求讲在前头，彻底断了“散乱污”企业等待观望、侥幸过关的念想。

第三步，健全机制、延伸监管、铺路搭桥、转型升级。文安在全县 28 个乡镇统一组建环保所和环境监测站，给监管派上顺风耳、安上千里眼；县政府与中国林业科学研究院合作成立了人造板产业研发中心，为产业转型升级提供技术支撑，争创国家级人造板产业示范园区。

经过治理，文安县人造板产业聚集区共取缔“散乱污”企业和各类摊点 6 800 多家、破坏性拆除燃煤锅炉 1 529 台，全年削减燃煤上百万吨，减排二氧化硫和氮氧化物 6 500 多吨、粉尘 1 600 多吨。与此同时，还举一反三清除各类牌匾 10 000 余块，拆除违章临建 2 000 余处，并在全县域所有村街实现了城乡垃圾收集处理一体化。随之而来的是文安的空气质量发生了巨变。由 2016 年在全省 143 个县（市）排位百名之外，进入 2018 年的前 20 名之内。

实现环保达标，不仅要在生产设备上转型升级，更要在新工艺、新产品的研发上推陈出新，提升科技创新与研发能力。文安县现在所推进的各项举措，都是具有前瞻性和创新性。文安县人造板传统产业的率先转型升级，将为整个人造板产业转型升级起到示范引领作用。

同文安县人造板产业一样，位于廊坊市最南端的大城县，有色金属加工、保温建材两个行业十分活跃，共有企业 2 400 多家。这些企业中有国家和省级名优企业，但更多的是只重创收的老污染户和无环评、无治污设施、无土地使用许可的“三无”黑户企业。

大城县与文安县一样，在被环保部督察通报后，举一反三，知耻后勇，以吹糠见米、壮士断腕的勇气，对有色金属和保温材料行业开展集中治理，依法取缔了其中的 1 500 多家“散乱污”企业，重组升级了 17 家有色金属熔铸、38 家岩棉和玻璃棉企业。引导企业投资 3 亿多元，引进符合国家标准的全封闭、无烟尘生产线，加装了国内最先进的脱硫除尘、自动加药报警系统，使新生企业环保技术达到国内领先水平。

俗话说，小船掉头易，大船转弯难。霸州市新利钢铁公司和前进钢铁公司的年钢铁产能为 914 万吨，为下游 800 多家当地企业提供原材料，产能并不过剩；两家企业都是省级以上培树的行业标杆企业，环保工艺也不落后。近年来，钢铁市场十分火热，这两家钢铁企业每天的利润都在 1 000 万元以上。

十年迎来好市场，一夜走到红灯前。今年国家部委和河北省委、省政府对廊坊市提出到 2019 年成为“无钢市”的要求，廊坊市委、市政府和霸州市委、市政府坚决服从大局，主动自我加压，不讲条件、不计代价，确定了 2017 年“保一争二”的钢铁企业产能整体退出目标任务。

这两家钢厂全部停产退出，企业的巨额利益损失如何弥补？近 12 000 名职工如何妥善安置？企业融资风险如何防范？去产能过程中企业的安全生产如何确保……一道道难题摆在面前。市、县两级主要领导主动登门去企业讲解国家政策要求，和企业一起研究退产能、求新生的综合之策，创造性地提出市场化去产能的新思路。按照“政府推动、企业主体、市场运作、政策支持”的模式，成功引入战略投资者，对两家钢厂进行整体收购，分别于 2017 年 4 月和 8 月安全、平稳、提前实现了产能整体退出的目标任务。

两家钢厂关闭后，直接影响了下游 800 多家吃钢企业的生存，在省委、省政府的政策支持下，霸州市通过向股东企业分流、推荐到其他企业就业、政府购买公益岗位、支持自主择业创业等多种渠道，对职工进行了妥善安置。积极帮助下游企业整体转型，培育发展新兴产业，并以政府和社会资本合作（PPP）的模式，推动区域经济转型发展，建设承接北京非首都功能疏解和服务雄安新区的产业新城和生态新区。

其中某公司有 6 800 多人，停产那天，好多人都哭了。钢铁市场形势正旺，真是日进斗金啊。但去产能是大势所趋，企业再大，挣钱的机会再多，也要服从国家发展大局。好机会、好政策、加上都有好后路，企业关停后，人心稳定，没有一个上访告状的。

廊坊市南三县通过强力去产能、促转型、治理“散乱污”，共削减燃煤、焦炭 300 多万吨，减排二氧化硫和氮氧化物 10 000 多吨，减排粉尘 3 300 多吨，日减少柴油重卡运输车辆 3 万多辆次，实现了空气质量的整体好转，全部进入全省排名前 20。更令人欣喜的是，通过“破”与“立”的统筹协调，在向污染关闭黑暗之门的同时，也为新生企业打开明亮之窗，从而彻底扭转了当地企业长期“劣币驱除良币”的恶性竞争局面。转型升级后，南三县企业数量大幅减少，但产品质量普遍提高，企业利润普遍增长 30%以上。南三县的工作成效证明，推动“散乱污”企业治理是促进产业转型发展和供给侧结构性改革的强大动力；只有加快转型升级，才能从根本上禁绝散乱污的反弹和滋生。

南三县是廊坊市强力治霾的一个缩影。党的十八大以来，在省委、省政府的坚强领导下，廊坊市委、市政府不断强化“四个意识”，深入践行习近平总书记“绿水青山就是金山银山”等一系列关于生态文明建设的重大思想，带领全市人民，坚决向污染宣战。

坚持党政同责、一岗双责、铁腕治霾。为持续传导治霾压力，市委、市政府主要领导坚持每周组织召开大气污染防治挂图作战会议，一把手抓一把手，一级带着一级干，全市形成了党政同责、一岗双责，全民参战、铁腕治霾良好氛围。在 2016 年退出全国“倒排前十”的基础上，2017 年全市通过强力落实省“1+18”方案和国省市秋冬季大气污染综合治理攻坚方案，有力保障了 2018 年前 10 个月廊坊市空气质量持续退出“倒排前十”。

坚持专家引路、精准防控、科学治霾。为把科学治霾落到实处，廊坊市与国家“千人计划”$PM_{2.5}$防治专家小组持续开展联合治霾、深度治霾合作。请治霾专家驻市指导，请院士下乡坐诊把脉，同时建立多功能的廊坊市空气质量智能管控平台和廊坊市智慧环境生态产业研究院，为生态环境治理提供持续智库服务。与此同时，全市 90 个乡镇全部建立空气质量自动监测站，与国省控空气质量自动监测站和全市 3 000 多家企业在线监控、5 000 多个传感器监控设备联网运行，形成覆盖全市的联防联控在线监测治理体系。针对秋冬季大气污染防治攻坚战企业落实错峰生产、应急响应难问题，在专家组指导下，为全市 2 811 家执行错峰生产和应急响应企业量身定做、统一安装了工业企业落实错峰生产及重污染天气应急响应“一厂一策”公示牌，通过无线交互终端实时传递信息，实现政府管控中心、企业环保责任人、企业驻厂监督员和督察巡查人员能在第一时间掌握企业落实错峰和应急响应情况，做到异地可知做没做、到场可证实不实，较好解决了厂多路远难监管、做虚做实说不清、环保部门难执法、企业应急“一刀切”等问题。

坚持服从大局、挺身担当、协同治霾。为全身心融入京津冀及周边协同治霾，廊坊市以凤凰涅槃、浴火重生的决心，动产业之刀、治污染之本、促环境质变，向企业转型、产业转型、区域转型要蓝天。2018 年以来强力取缔整治“散乱污”企业 12 003 家、强力推进禁煤区内外 70 多万户气代煤电代煤工程、强力取缔 10 蒸吨及以下燃煤锅炉 9 285 台、强力征迁拆除 30 个长期使用燃煤的城中村、强力淘汰 4 200 多辆老旧车辆、强力实施市主城区烟花爆竹禁放和祭祀用品禁烧、强力实施热电联产工程，实现工程削减燃煤 500 多万吨，高标准实现全市域散煤清零，高标准建设冬季清洁取暖试点城市。与此同时，市主城区实行公交车免费乘坐，积极引导市民绿色低碳出行。

建设生态文明是中华民族永续发展的千年大计。党的十九大为我们绘出了绿水青山、人与自然和谐发展的美丽画卷。落实党的十九大精神，解决“人民日益增长的美好生活需要和不平衡不充分的发展之间的矛盾”，不断满足人民群众对美好生态环境的期盼，是践行习近平新时代中国特色社会主义思想的崭新课题。作为“2+26”重点城市之一，我们深知责任重大，使命在肩。我们将以更加强烈的思想自觉和行动自觉，深入贯彻习近平新时代生态文明建设重要思想，坚持全民共治、源头防治，持续实施大气污染防治行动，坚决打赢蓝天保卫战！

12

拼才会赢

——“海归眼”看廊坊市治霾

星星还是那个星星哟，月亮还是那个月亮，天也还是那片天哟，蓝天越来越多喽。

廊坊市位于京津之间，背靠雄安新区，具有特殊的地理区位；廊坊市是中国治霾战役最核心的“1+2”特殊战场；是专家组在中国治霾的实验基地。廊坊人认为，特殊的责任是一种光荣，更是一种使命。

这是一个不眠之夜。这是廊坊市在迎战重污染天气应急响应、控污染高值、控污染积累过程中，5 年来所经历的数不清的不眠之夜里的一个。为了能让市民看到蓝天白云，廊坊市委书记冯韶慧、市长陈平，深夜零点来到广阳区。时值寒冬，正值三九，市主城区 10 多个城中村的村支书、村干部，谁都没有想到，此时的市委书记竟会以“拜托大家了”作开场白，在这里召开严控城中村散烧煤污染调度会。

“同志们，静稳天气已经持续 3 天了。未来 3 天，仍是大雾无风的天气，再这样下去，市民可就受不了了。拜托大家了，我们要连夜动员村民清煤烧气，告诉村民，不能算小账了。”

“同志们，人在干，天在看，我们向污染宣战几年了，绝不能因为一时的工作做不好，让市民对各级政府、对各级干部失去信任。我们一块儿拼了，一定要把燃煤污染控制住。”寒夜宁静，冯书记、陈市长的几句话情真意切，语重心长，掷地有声。

“冯书记、陈市长，你们放心吧。咱们一块儿拼。”

接下来的事情大家可想而知。严寒之夜，村支书、村干部回村后连夜动员，许多村民披衣起床，点着了燃气炉，灭掉了自家的小煤炉。从那天起，廊坊市城区再也没有出现过燃煤污染高值。

美籍华人，“国家千人计划”专家组成员，$PM_{2.5}$ 专家防治小组组长甘中学说，我带专家团队，到廊坊市驻市治霾 4 年多了。在我的团队里，不仅聘请了全国治霾最知名、最权威的顶级专家，还有来自美国、英国、德国、加拿大和澳大利亚等 7 个国家的 10 名“国家千人计划”的“海归”。说心里话，我们这些心怀报国之心的知识分子，能“抱团”在廊坊市这个小城市里留下来，是这个城市真的让我们感动，是这里干部群众的工作干劲儿真的让我们感动。

从廊坊市看京津冀，从京津冀看全国，在这里展现的史无前例的治霾战场，实际上正是中共十八大以来，一以贯之、与日升华的习近平新时代中国特色社会主义思想，在绿色发展的征途上，最让世界震撼、最让世人敬佩、最让伟大的中国人民为之享受更多幸福感的伟大实践，在中华大地的生动落实。共产党人的作为与壮举，在廊坊市这个地方，表现得淋漓尽致。

2013 年，国家启动了《大气污染防治行动计划》。2013 年 1 月，国家公布的廊坊市在全国 74 个重点监测城市空气质量的排名是倒排第 5 名。作为全国距首都天安门广场最近的地级市，治霾战场上的“1+2”核心城市，落实“大气十条”，对于廊坊市来说，条条是重大的政治责任，条条是严肃的作战命令，条条是巨大的治理压力。

面对责任与压力，廊坊市委、市政府披坚执锐，迎难而上，带领全市人民，开始了科学治霾、铁腕治霾、协同治霾的英勇作战。

也就是在这种背景下，我们 10 名在国外都曾参与过当地治霾的“海归”，带着中组部领导的嘱托，开始寻找向 $PM_{2.5}$ 宣战的最佳战场，开展攻坚实验行动。

2014 年 2 月，廊坊市委、市政府主要领导深计远虑，闻讯既行，第一个站出来，和我们“千人计划”$PM_{2.5}$ 防治特别小组签订了共同在廊坊市开展科学治霾的框架协议。

一晃就是 4 年多，在廊坊市科学治霾的战场上，我们专家小组与廊坊人民“5+2”“白加黑”地战冬防、斗污染，持续作战。在工作过程中，我们不仅建立了深厚情谊，也成功探索了解污源，精准治、早预警、准防控、抓转型、去产能、强管理、重科技、用笨招、下长功等一整套系统防霾治污的战略战术。

廊坊市实施党政同责，一把手抓一把手、一级带着一级干；每周召开挂图作战会议，强力推动工作落实；利用专家组建立第三方考评服务机制，向不落实宣战；建立蓝天行动微信指挥群，把各级主要领导推到治霾战场一线去迎考；建立最严厉考核、讲评、约谈问责机制，推促治霾压力不断向基层传导、向公众延伸。推促廊坊市的治霾战场持续保持攻坚力、战斗力，持续充满作战活力。

群雁高飞头雁领，以上率下众志成。在廊坊市治霾战场上，从城市到农村、从政府到部门、从企业到公众，全民施治、源头防治，已成氛围。各级领导带头干，部门之间抢活儿干，企业公众主动干，已成常态。市委、市政府的主要领导、市政府的各位分管领导，每天都是早早地就在微信群里展开了治霾作战任务的指挥部署；各地、各部门的主要领导，每天都要在群里汇报战绩。

美籍华人，“国家千人计划”专家组成员权华说，市大气办与我们小组每天联合办公。市大气办的工作人员在督导检查中敢于发现问题，敢于曝光问题。他们不怕得罪人，不怕困难和问题，更不怕别人威胁，用他们自我嘲讽的“二百五”精神，向 $PM_{2.5}$ 宣战，向污染宣战，向不作为、不落实、不担当宣战，给我们留下深刻印象。大气办的一名领导，父亲去世，发丧那天，正赶上重污染天气来临，他守在父亲的灵棚里，还在一边含泪尽孝道，一边用电话指挥治霾应急作战；市大气办的刘炜处长，3 次因病住院，3 次都因工作需要拔下输液的针头，返回单位；大气办的“五朵金花”，都是经常深夜带着孩子在岗位上加班加点的年轻母亲，她们把巾帼不让须眉的女汉子干劲儿和无私奉献的精神，通过治霾战场言传身教给了自己的孩子。

廊坊人的战斗精神，时时刻刻感染着我们专家组的每个成员，更感染着我们 10 名海外归来专家的爱国情怀、爱市情结。从最初的我们 10 名“海归”集资给工作人员发工资，到后来我们得到市委、市政府从资金保障到人文尊重的精神寄托，让我们在廊坊市工作的每天，都沉浸在感动、震撼与备受激励之中。小组的成员，有人放弃大城市的优越生活，常驻廊坊市；有人携妻带子，把家搬到了廊坊市；还有人在深夜执行查找污染源的过程中被狗追咬、被违法者打伤；还有更多的同志，为了查找污染源，经常是顾不上吃饭和休息。甚至有的年轻同志，因为经常对恋人失约而导致分手。但小组的同志毫无怨言，在我们的心里，廊坊市已经变成家，廊坊人利济苍生、舍我其谁、坚忍不拔的治霾精神，就是我们这个团队愿意与之一起奋斗的强大精神动力。

加拿大籍华人，“国家千人计划”专家组成员，中国气象局气象科学院研究员、特聘专家龚山陵说，坚持专家引路、精准防控、科学治霾，是廊坊市在治霾战场探索出的一条成熟经验。通过全国 60 多个城市的来廊考察、传播，廊坊市的许多经验都已全国知名、远近闻名，并受到环保部，省委、省政府和国家顶级治霾专家充分肯定。其实，几年来，廊坊市在科学治霾这条艰难之路上，是土洋结合、双腿并行。用我们专家组的眼光评判，一个是洋得别人不好学。另一个是土得别人没想到。

科技支撑、专家坐诊，是廊坊市比较洋、比较高端的科学治霾经验。请治霾专家驻市指导，请院士下乡坐诊把脉，请专家组为廊坊市制定近期、远期和长期的治霾作战路线图、时间表、目标值；每项治霾工程都请专家把关，每次应急作战都请专家现场指挥，每轮污染过程过后都请专家论证成果和教训，廊坊市把我们专家团队推到治霾一线阵地的最前沿，倍加珍重。在治霾之初的 2014 年，廊坊市就富有远见地投入 4 000 多万元，利用专家组的技术资源和真气网、真财网资源，在全国率先建起了大气污染治理指挥平台，实现了对全市大气污染防治工作实时发布数据，施行科学调度，科学决策。为将治霾进行到底，为给科学治霾长期作战提供支撑，2017 年 5 月，廊坊市还依托我们专家组建立了廊坊市智慧环保产业研究院，把 10 名院士、百名专家的治霾科研成果引入廊坊市，集约发酵。4 年多来，我们的专家团队通过发挥廊坊市这个优越治霾实验基地的作用，先后培养出 200 余名专业治霾人才，并把其中的 100 多名人才输送到全国 20 多个城市，推动廊坊市科学治霾战果向协同治霾战场转化。与此同时，廊坊市还在我们专家组的指导下，不断提升监测指挥能力，在全市 90 个乡镇全部建立空气质量自动监测站，与国省控空气质量自动监测站和全市 3000 多家企业在线监控、5 000 多个传感器监控设备联网运行，逐步形成了覆盖全市的联防联控在线监测治理体系。

廊坊市科学治霾还使出了很多笨招儿，其实这些所谓的笨招儿，就是我们常说的“土办法”。治霾之初，推促企业落实应急响应落实、查找背街里巷的污染源头、监督热力公司落实超低排放、严控工地扬尘污染、考评道路积尘量和严防严控各类火堆火点，廊坊市都是采用派驻场员死看死守、派监督员全程跟踪、派巡查员定点蹲守的土办法抓落实。还有人为此编出顺口溜：“冬病夏治削煤量，夏病冬治 VOCs。以克论净治积尘，月清百污论雌雄。扬沙过后清街巷，小雨之中洗便道。企业应急有人管，添煤加药有人看。城里不烧祭祀品，烧烤入室净油烟。城中村里‘八清零’，散煤无处能藏身。羊倌身背灭火器，哪儿有火点哪儿消防。”

廊坊人用这些土办法、笨办法，在治霾战场上上演了一幕幕治霾阵地战、游击战、攻坚战、媒体宣传战。不仅如此，廊坊市还在散煤污染治理上实施了最治本清源的歼灭战。全市用 3 年多时间，大力实施气代煤、电代煤工程，强力实施禁煤区建设，把城镇乡村一家一户 100 多万台小煤炉从 90 多万户家庭中全部取缔，改用新能源，仅此一举，就削减燃煤 300 余万吨，从根本上改善了城乡空气质量。

英籍华人，“国家千人计划”专家组成员，南开大学教授毛洪钧说，亲身经历廊坊市防霾治污战役，我印象最深的不仅是党政同责，全民治霾在廊坊市形成了一个全民参战的强大合力；科学治霾，专家引路，精准攻坚，廊坊市走出了一条好路子，而且在服从大局、协同治霾、甘愿牺牲上，也给我留下了一个特别深刻的印象。我在廊坊市所看到的政治担当、责任担当，是我过去在国内外防霾治污史上从未经历过也从未听说过的。

廊坊市共有 10 个县（市、区）。文安县位于廊坊市南部，与霸州市、大城县并称南三县。南三县长期以来自发形成的钢铁压延、有色金属、人造板材、保温建材等民营产业仍然红红火火，呈现大群体、小个体状态。各类产业聚集区小企业、小作坊的无组织排放和以燃煤为主的能源使用结构、以重型柴油车为主的交通运输结构，使这里乌烟瘴气，大气污染十分严重。

文安县人造板产业是南三县“散乱污”企业最集中的地方。为了展示廊坊市协同治霾的决心和良好形象，市委、市政府主要领导亲自督战，严肃要求文安县加快产业转型，对无序发展了 30 多年的人造板产业聚集区，开展全面整治，脱胎换骨求新生。

经过治理，文安县人造板产业聚集区共取缔“散乱污”企业和各类摊点 6 800 多家、破坏性拆除燃煤锅炉 1 529 台，全年削减燃煤上百万吨，减排二氧化硫和氮氧化物 6 500 多吨、粉尘 1 600 多吨。2017 年 10 月，环保部在文安县召开“2+26”城市散乱污治理现场会，肯定了廊坊市的经验。

同文安县人造板产业一样，位于廊坊市最南端的大城县，有色金属加工、保温建材，两个行业十分活跃，共有企业 2 400 多家。这些企业中有国家和省级名优企业，但更多的是只重创收的老污染户和无环评、无治污设施、无土地使用许可的“三无”黑户企业。

大城县和文安县一样，在市委、市政府的强力督办之下，以吹糠见米、壮士断腕的勇气，对有色金属和保温材料行业开展集中治理，依法取缔了其中的 1 500 多家“散乱污”企业，重组升级了 17 家有色金属熔铸、38 家岩棉和玻璃棉企业。引导企业投资 3 亿多元，引进符合国家标准的全封闭、无烟尘生产线，加装了国内最先进的脱硫除尘、自动加药报警系统，使新生企业环保技术达到国内领先水平。

俗话说，小船掉头易，大船转弯难。霸州市新利钢铁公司和前进钢铁公司的年钢铁产能为 914 万吨，为下游 800 多家当地企业提供原材料，产能并不过剩；两家企业都是省级以上培树的行业标杆企业，环保工艺也不落后。自 2017 年以来，钢铁市场十分火热，这两家钢铁企业每天的利润都在千万元以上。

十年迎来好市场，一夜走到红灯前。2017 年，国家部委和河北省委、省政府对廊坊市提出到 2019 年成为“无钢市”的要求，廊坊市委、市政府和霸州市委、市政府坚决服从大局，主动自我加压，不讲条件、不计代价，创造性地提出市场化去产能的新思路。按照“政府推动、企业主体、市场运作、政策支持”的模式，成功引入战略投资者对两家钢厂进行整体收购，分别于 2017 年 4 月和 8 月安全、平稳、提前实现了产能整体退出的目标任务；12 000 多名员工得到妥善安置。

廊坊市南三县通过强力去产能、促转型、治理“散乱污”，是全市上下服从大局、挺身担当、协同治霾的一个缩影。自 2016 年以来，廊坊市以凤凰涅槃、浴火重生的决心，动产业之刀、治污染之本、促环境质变，通过强力引进“大智移云”高新产业，向企业转型、产业转型、区域转型要蓝天，为协同治霾做贡献。几年来，全市强力取缔整治“散乱污”企业 12 003 家、强力取缔 10 蒸吨及以下燃煤锅炉 9 285 台、强力征迁拆除 30 多个长期使用燃煤的城中村、强力淘汰老旧车辆 59 749 辆、强力实施热电联产工程，实现工程削减燃煤 800 多万吨，高标准实现全市域散煤清零，高标准建设冬季清洁取暖试点城市。在 2016 年和 2017 年连续两年退出全国倒排前十的基础上，2018 年全市通过强力实施标本兼治的 40 多项治理，有力保障了 2019 年前 3 个月廊坊市空气质量持续退出倒排前十，为长久实现空气质量一年比一年好的奋斗目标奠定根基。

国家环境保护城市环境颗粒物污染防治重点实验室主任冯银厂说，中国治霾，感动世界，廊坊市治霾，名传全国。几年来，我亲力亲为廊坊市的治霾作战，感触最深的是廊坊市治霾有两大法宝：党政同责、专家引路；有两大亮点：去产能建无钢市、控燃煤建无煤区；其实，廊坊市还有一张亮丽的治霾名片，长篇小说《战霾三部曲》。用小说形式把治霾实战经验和教训向社会传播，开创了文学治霾先河。我去全国很多城市都有人问我，廊坊人治霾为什么能有自觉为维护首都环境安全做贡献的高端站位？廊坊人治霾为什么能有如此旺盛的拼劲儿、干劲儿？廊坊人治霾为什么能有敢于担当，真心协同的壮志情怀？我告诉他们，你去读一读廊坊市环保局局长李春元伴随治霾进程创作的《战霾三部曲》吧，在他的小说中，他借用一名鲜活的、有担当的环保局局长的心声，回答了您提出的全部问题。

蓝天，是人民对美好生存环境热切期盼的代名词。治霾人能得到人民群众的理解、爱戴与支持，是人民在期盼有更好、更多、更幸福的蓝天。如果把保护环境比作一场迎考，那么，能否担当就是考题、党员干部就是考生、人民就是考官、蓝天就是答案。为了蓝天，共产党人的担当尽责，不仅要体现在真流汗、愿流泪、敢流血、不怕怨声责怪上，有时还要扛得住疾病与牺牲生命的考验。为天地立心，为生民立命，为了实现蓝天常驻的天梦、天命、天愿，我愿奉心化赤，去消融天空的雾霾。因为，天，就是人民；天，就是人民的利益；天，就是激励我们奋斗、迎考的力量源泉。

关乎天文，以察时变；关乎人文，以化成天下。这些感人肺腑之言，出自环保作家之手，但体现和表达的是廊坊市治理污染的价值观、文化观及和谐共生的生态观，体现的是廊坊人像尊敬生命一样尊敬生态环境、践行绿色发展的思想情怀；表达的是廊坊市各级干部像尊敬父母一样尊敬人民、尊敬组织的政治情怀；表达的是廊坊人像尊敬未来一样尊敬科学、尊敬习近平新时代中国特色社会主义思想的智慧情怀；表达的是面向未来，持续作战，坚决打赢蓝天保卫战的坚定决心、壮志情怀。

燕山高又高，龙河水长流，群燕高飞头雁领，市委市政府是好带头。廊坊人民的主心骨，敢斗雾霾的好带头，和咱心连心，汗水向一块儿流，汗水向一块儿流……

伴随歌声展示廊坊市治霾 5 年的战果：2017 年廊坊市空气质量优良天数比 2013 年增加了 82 天，达标率增加了 23.1%。重污染天数减少了 52 天。颗粒物、二氧化硫、一氧化碳浓度较 2013 年降幅达 34.1%～69.6%。其中 $PM_{2.5}$ 浓度降至 60 μg/m^3，较 2013 年下降了 45.5%。2017—2018 年秋冬防期间，$PM_{2.5}$ 浓度降至 58 μg/m^3，在“2+26”城市排名第二，重污染天数比 2016 年同期减少了 30 天，改善率为 83.3%，在“2+26”城市中排名第一。

13

长缨在手不言弃

载于 2021 年 12 月 6 日　幽燕情思

【编者的话】李春元战友从部队报道员到地方环保局副局长，从“新闻参谋”、新闻干事到环保作家，足以让我们引以为豪。他酷爱写作，笔耕不辍，尤其是转岗、转业后结合新的岗位、新的专业写出了大量新闻报道、评论，还创作了以长篇巨著《战霾三部曲》为代表的大量文学作品，真是难能可贵！衷心祝愿他继续努力，创作出更多的佳作！

穿上绿军装，背起冲锋枪，当一名威风凛凛的解放军战士，这是我们那个时代孩子们的梦想。1980 年，我怀揣梦想来到了军营。

本想着参军了就要练好一身武艺，然而入伍不久因为我爱好写作而改变了我的人生。入伍前我在父亲的影响和高中语文老师曹联豪手把手地教导下，迷上了写作，曾在《廊坊日报》上刊登了五六篇小豆腐块文章。连队领导发现我这个特长，让我做些写写画画的事情。后来，炮五师宣传科肖泽洲干事把我推荐到师宣传科当了报道员。

开始时，我还一心想着在军事训练上做出些成绩，对当专职报道员感到别扭。当时直接带我的新闻干事叫胡延宁，后来他成了《火箭兵报》的大才。他告诉我说，我军在战争年代就十分重视思想宣传工作，枪杆子加笔杆子才能取得革命的胜利。一番话让我很受教育，逐渐安下心来。虽然我过去写过一些稿子，但怎样采访、选材、写稿还是一窍不通，尤其是看到胡延宁等其他干事写的新闻稿件或报告、材料，方知自己离一个专职报道员还有很大差距，受到极大的震撼。我想，既然组织上这么信任，我一定要好好学习，磨好我手中的这杆“枪”。

1983 年 5 月，经师政委赵启老首长推荐，我被批准到《战友报》报社学习。这是我写作提高最快的时期。报社的编辑对来自基层的通讯员都很热情，学习期间，编辑老师给予我的深情厚爱、耳濡目染，可以说是至诚至真。从当报道员之初，几十篇“沉海”的心酸记忆，到后来日见三篇的难忘喜悦，让我始终有难以忘怀的感激、感动。

那是盛夏的一天傍晚，我独自闷在宿舍里写一位班长的事迹报道。这时，总编室的王志祥编辑，穿着个大背心、大裤衩来了。“走，小李，到我家吃西瓜去。” 他瞧见了我刚写完的稿子，便拿着看了起来。“不错，不错，素材不错。就是写的面太宽了。”说着话，他便坐到我的床沿上，讲起修改意见来。“写一篇稿子，不能“眉毛胡子一把抓”。你写的这位班长，能正确处理工作、训练和自学的矛盾，这正是当前基层官兵自学中存在的棘手问题，若抓住这一点写，保证能打响。” 于是，他边说边帮我改，而且改了 3 遍，花费了两个多小时。这时，已是深夜，他流的汗把我的褥单子都浸湿了。10 天后，我首次抱回了《战友报》一版头条这个大“金西瓜”。发稿前，我执意把王志祥编辑的名字署在了前边，但是稿子登出来后，他的名字却没影了。

在报社，我不仅学会了怎样写稿，还学会了怎样做人。我在后勤科，带我的是蒋荣增科长。蒋科长现今已去世，但他的正直、忠厚和对我本人的思想影响，令我至今难忘。有一天，他拿着一篇通讯员来稿让我编，并一边看一边叫好。我问：“是谁写的？” 他说：“盖着公章，署着名字，就是不认识这个人。” 稿子很快编发上版。正待付印出报时，一位蒋科长认识的老熟人又送来一篇内容相近的稿子。蒋科长看完稿子说：“你写的这篇没有上版的那篇好，‘枪毙’算了。” 尽管对方再三请求“上”，蒋科长仍未答应。事后蒋科长语重心长地对我说：“要办好一张报纸，必须认稿不认人。”

1989 年春夏之交，我所在的部队执行了特殊应急任务，全体指战员都经历了一场特殊的考验。在这期间，一名排长因坚守特殊岗位，劳累过度不幸牺牲。军政治部的领导要求我必须把这个典型宣扬出去。凭我个人的能力，写这么一个重要典型很是吃力。情急之下，这天上午，我身穿迷彩服，戴着钢盔，腰挎五四式手枪，急匆匆赶到《战友报》报社求援。接待我的是任东升编辑。他看到我的装束，先是吓了一跳，问清缘由后，他二话没说，马上请示报社领导，坐上我开的吉普车，和我一起赶到了部队宿营地。

他连夜进行采访，并昼夜加班写出了长篇通讯，把这名英勇牺牲在战斗岗位的优秀排长写得活灵活现，经《战友报》及时刊发，在军营引发强烈反响，为部队以高昂的士气完成特殊战斗任务鼓舞了斗志和士气。我因圆满完成报道任务，荣立了二等功，而任东升编辑连个嘉奖也没得。事后我想请任东升编辑吃顿饭，可他始终没给我这个机会。

在我军旅生涯的 28 年时间里，我在 24 集团军从司令部到政治部，先后干过 8 年“新闻参谋”（作训处参谋，但负责新闻报道工作）和宣传处新闻干事。这期间，我不忘前人对我的培育之恩，延续培养人才之道，先后组织过 3 次新闻报道员培训班。每次办班，《战友报》报社都给予了大力支持和帮助。印象中，不仅有刘润生、乔大川、周凡恺等编辑长途驱车几百公里，到山沟里为培训班通讯员传经送宝，报社的黄学德老社长，也先后两次，亲自带着报社的主力编辑为培训班学员授课。特别是刘波老社长，对我们的培养和做人、做事的影响极为深厚，他去了《解放军报》后仍然帮我改过稿子。为了鼓励通讯员早日出成果、出成绩，报社还拿出3个专版，专门刊登学员们的稿件，有力激发了大家的写作热情，为挣津贴的战士报道员成长为挣工资的新闻干事，为做好军队的新闻宣传工作奠定了坚实根基。

在许许多多职业中，“爬格子”写作也许是最辛苦的行当之一。在军宣传处新闻岗位工作多年，组织安排我到基层任职，但我始终不忘组织的关心和培养，始终不忘我的老本行，除了关心所在单位的新闻报道工作，还结合工作实际撰写稿件，在军内外报刊发表了不少作品。从军28年，我在军内外报刊刊稿千余篇。在我转业之际，我从这些稿件中精选汇编成册，起名《梦痕集》。

2008年，我从人武部政委岗位转业至廊坊市环保局工作，先后担任分管大气污染、自然、辐射、法规、环境监测和宣教工作的副局长。环境保护是一项专业性很强的工作，也是当代社会面临的巨大挑战。对于我而言，这是一个全新的领域，我唯有用全部的时间和精力去学习、工作，边学边干，边干边学。

在工作中，我越来越感到环保工作的重要，越来越感到环保人的责任重大。当时，环保面临的形势十分严峻，环境保护与经济发展时有冲突，大气污染越来越严重，环保法规体系不够完善，环保执法阻力重重，全民的环保意识还有待提高等，特别是廊坊市离北京市、天津市最近，作为京津冀联防联控的前沿阵地，始终处于风口浪尖上。我内心十分纠结，也被我的同事、同行勇于担当、甘于奉献的精神深深感动。为了加大环保宣教力度，我重新拿起了笔杆子，坚持写报道、写评论，先后在《人民日报》《中国环境报》《廊坊日报》等刊稿数百篇，宣传环保法规和知识，宣传环保工作人员的先进事迹，后来归纳出版了《思绿集》《战霾迹》两本新闻评论专辑，还主编了280万字的《廊坊市环保文化丛书》。我也被《中国环境报》聘为了特约环境评论员。

从2013年起，我为了提高普及环保法规和知识的效果，开始尝试撰写“环保小故事”，把枯燥的环保法规和知识融入故事中，使之通俗易懂，形象生动，让公众更易于接受。有关报社的领导、编辑和作家协会的朋友们大为赞赏，认为我的故事很像小说，鼓励我创作“环保小说”。在他们的鼓励下，我创作了中、短篇环保题材小说《喜鹊搬家》《好的》《一只老猫》《的哥大侃》《贬家》《霾夜鸡叫》《抢红包》《藏在骨灰盒里的秘密》《散伙饭》《思路与心路》等，总计30余万字。

后来，在与省、市作协和报社朋友的交流中，他们鼓励我还可以进行大的构思，写长点、写大点。虽然有了写中、短篇小说的积累，但写作长篇小说困难还是很多。在如何构思上，我经常与局领导班子成员和同事们研讨，听取他们的意见，这样慢慢有了轮廓，我把小说整体构思为“盼姐与老猫”“的哥有梦”“敲钟的老康”“辐射风波”4个部分，寓意一年四季，写成65个章节，寓意“六五世界环境日”。创作小说过程最大的困难是工作繁忙，没时间写作，只能把所有的休息时间利用起来。每天凌晨四点我就起床写一段，晚上的时间是不能浪费的，双休、节假日更是好时光。有时，晚上睡觉了，突然有了灵感，我马上爬起来记下来。一次，我步行去单位上班，边走边思考，突然想到一个情节，于是连忙停下脚步，掏出一个纸片在路旁的垃圾桶盖上写了起来。这时突然有人高声叫我：“春元，你干吗呢？”我抬头一看，原来是我的一个高中同学，他停下自行车疑惑地望着我，我连忙答：“我突然想起一点事，怕一会儿忘了赶紧记下来。”老同学笑着说：“我以为你调到交警队，在数车流量呢！”其实，那段时间我天天步行四十多分钟上下班，把走路的时间也用于创作了。

经过 100 天的奋战，我终于完成了第一部长篇小说《霾来了》的创作，开始在《廊坊日报》上连载，引起了广大读者的热评；并于 2014 年 6 月由中国文联出版社正式出版。小说出版后，好评如潮，引发了强烈反响，成为《人民日报》、新华社、中央电视台、中央电台等国内外上百家媒体关注的热点，并对其进行了大量报道和评论。

紧接着，我又用一年多的时间完成了《霾来了》的姐妹篇——《霾之殇》和《霾爻谣》的创作，并于 2017 年 4 月，由作家出版社将 3 部小说合名为《战霾三部曲》出版，全书共 96 万字，多次加印，热销 20 余万册，继续得到各大主流媒体和众多新媒体的关注，相关报道、网上阅读量、点击率逾 1 亿人次，网友留言上万条。许多专家、学者认为《战霾三部曲》开创了国内生态治霾文学的先河，其被媒体誉为“中国治霾名片”，2018 年还荣获了河北省第十二届“五个一工程”奖。

在党中央、国务院的坚强领导下，我国的环境保护卓有成效，天更蓝，水更绿，为社会经济健康可持续发展提供了保障。未来的路还很长，我愿和战友、同事们继续不懈努力，为实现中华民族伟大复兴的中国梦贡献力量。

《战霾三部曲》之《霾来了》媒体重点报道与评论阅读索引

序号	刊载（播放）文稿（音像）标题	刊播媒体与作者	时间与阅读网站
01	环保工作者写环保：《霾来了》廊坊首发	《廊坊日报》：刘元琨	2014年6月7日：腾讯网、长城网
02	环保小说《霾来了》引网友热议	《廊坊日报》：刘元琨	2014年6月18日：腾讯网
03	长篇小说《霾来了》座谈会昨举行	《廊坊日报》：刘璐	2014年6月20日：腾讯网
04	环保题材小说《霾来了》火了	《廊坊日报》：闫伟	2014年6月18日：腾讯网、人民网
05	《霾来了》引发公众持续热议 微博点击超10万人次	《廊坊日报》：刘元琨	2014年6月21日：腾讯网
06	网民热议《霾来了》网上点击超20万人次	《廊坊日报》：刘元琨、闫伟	2014年6月23日：腾讯网
07	《霾来了》出版	《中国环境报》：郭婷	2014年6月25日：新浪网
08	环保小说《霾来了》出版发行	《人民日报》：嘉言	2014年6月28日：人民网
09	《霾来了》引发的环保文化思考——廊坊时评之一	《廊坊日报》：张萌萌	2014年6月30日：腾讯网、新浪网、求是网
10	长篇小说《霾来了》网上点击超过66万人次	《廊坊日报》：丁振宗	2014年7月11日：腾讯网
11	望元叙说《霾来了》——专访李春元之一	《廊坊日报》：刘元琨、吴力业	2014年7月11日：腾讯网
12	大孝自然——读《霾来了》有感	《中国环境报》：郭婷	2014年7月17日：新浪网、腾讯网
13	《霾来了》：珍爱生命的呼声愈发高远——廊坊时评之二	《廊坊日报》：赵志峰	2014年7月18日：腾讯网
14	《霾来了》：珍爱生命的呐喊	《廊坊日报》：赵志峰、任雨薇	2014年7月25日：腾讯网
15	省环保厅加印千册《霾来了》	《廊坊日报》：刘元琨	2014年7月22日：腾讯网、长城网、人民网
16	新环保法宣传引网民更加关注	《廊坊日报》：刘璐	2014年8月4日：腾讯网
17	《霾来了》：绿是底色绿是梦——廊坊时评之三	《廊坊日报》：张萌萌	2014年8月8日：腾讯网
18	望元再说《霾来了》——专访李春元之二	《廊坊日报》：张萌萌、金子龙	2014年8月8日：腾讯网
19	《霾来了》：考验作为与担当——廊坊时评之四	《廊坊日报》：张萌萌	2014年8月13日：腾讯网
20	全国百家网站转发评论《霾来了》网点达173万人次	《廊坊日报》：刘元琨	2014年8月18日：腾讯网、人民网

序号	刊载（播放）文稿（音像）标题	刊播媒体与作者	时间与阅读网站
21	《霾来了》：生态宜居绿色发展成追求——廊坊时评之五	《廊坊日报》：张萌萌	2014年8月22日：腾讯网
22	小说《霾来了》趣与味的完美展现	《廊坊日报》：孟德明	2014年8月22日：腾讯网
23	《霾来了》环保文学的佳作	《廊坊日报》：王宁	2014年8月22日：腾讯网
24	一部环保小说的精彩叙事	《廊坊日报》：崔文君	2014年8月22日：腾讯网
25	试说《霾来了》的叙事特性	《廊坊日报》：王颖	2014年8月22日：腾讯网
26	《霾来了》为何受关注？	《人民日报》：武卫政	2014年8月23日：人民网、腾讯网
27	《霾来了》助力新环保法宣传，网上点击超200万人次	《廊坊日报》：刘元琨	2014年8月23日：腾讯网
28	霾来了！霾来了！！霾来了！！！——谈李春元长篇环保题材小说《霾来了》	江苏省环保厅政策法规处 贺震	2014年8月23日：《珠江环境报》4版头条
29	一切为了形成向污染宣战的强大合力——专访李春元	《节能与环保》：陈向国	2014年9月1日：腾讯网
30	《霾来了》：群众是治霾主人翁——廊坊时评之六	《廊坊日报》：张萌萌	2014年9月5日：腾讯网
31	《霾来了》关注之中添动力	《廊坊日报》：李贵	2014年9月5日：腾讯网
32	《霾来了》杞忧类文学的空间展示	《廊坊日报》：高勤	2014年9月5日：腾讯网
33	燕青饭店中秋节向客人赠阅《霾来了》，网民点击400万人次	《廊坊日报》：刘元琨、刘向	2014年9月5日：腾讯网
34	望元新说《霾来了》——专访李春元之三	《廊坊日报》：张萌萌	2014年9月8日：腾讯网
35	《霾来了》发行百天持续升温，点击逾500万人次	《廊坊日报》：吴立业	2014年9月15日：腾讯网
36	《霾来了》：失去的，还会再来吗？	《廊坊日报》：望元	2014年10月2日：腾讯网
37	《霾来了》为欢乐节添蓝天色彩，网上点击1 200万人次	《廊坊日报》：刘元琨	2014年10月6日：腾讯网
38	人民网播发《霾来了》受追捧，网上点击1 300万人次	《廊坊日报》：王泽明、刘元琨	2014年10月11日：腾讯网、人民网
39	《霾来了》师院学生恳谈会发出倡议：倾心环保护卫蓝天	《廊坊日报》：吴立业	2014年10月17日：腾讯网
40	《霾来了》：作者到《廊坊日报》读者节签字赠书	《廊坊日报》：王泽明	2014年10月18日：腾讯网
41	《霾来了》高校师生在行动，蓝天行动产生共鸣点击1 600万人次	《廊坊日报》：吴立业	2014年10月20日：腾讯网
42	《霾来了》网民点击2 000万——中省媒体热访李春元	《廊坊日报》：刘元琨	2014年10月24日：腾讯网
43	小说《霾来了》亮相新华社治霾在行动启动仪式	《廊坊日报》：刘杰	2014年10月25日：腾讯网、新华网、新浪网
44	环保小说网上火爆点击3 600万人次	人民网：张娜	2014年11月2日：人民网、长城网
45	市环保局局长写小说《霾来了》网上火爆	《廊坊日报》：刘杰	2014年11月4日：腾讯网、人民网

序号	刊载（播放）文稿（音像）标题	刊播媒体与作者	时间与阅读网站
46	廊坊市环保局副局长李春元写 24 万字环保长篇小说	中国新闻网：宋敏涛	2014 年 11 月 8 日：中国新闻网
47	多家中省媒体客观报道廊坊治霾热评《霾来了》	《廊坊日报》：刘杰	2014 年 11 月 10 日：腾讯网
48	一个关于雾霾的故事	《中国日报》：刘志华	2014 年 11 月 19 日：中国日报网、新浪网
49	望元回说《霾来了》——专访李春元之四	《廊坊日报》：张萌萌	2014 年 12 月 12 日：腾讯网
50	《霾来了》传递出满满的正能量	长城网：郭雪营	2014 年 12 月 12 日：长城网
51	深沉的爱 饱满的情	《廊坊日报》：李晓文	2014 年 12 月 12 日：腾讯网
52	《霾来了》用新闻眼写小说	《廊坊日报》：蔡尚波	2014 年 12 月 12 日：腾讯网
53	肩上担当 笔下有力	《廊坊日报》：常玉春	2014 年 12 月 12 日：腾讯网
54	用我的笔记录治霾的历程	《中国环境报》《廊坊都市报》：李莹	2014 年 12 月 12 日：新浪网、腾讯网
55	站在生态新时代 善谋全媒新常态	《廊坊日报》：孟繁彪	2014 年 12 月 26 日：腾讯网
56	环保局局长的“霾里霾外”	《中国青年报》：陈璇	2015 年 1 月 21 日：中国青年报网、新华网、凤凰网
57	对话李春元：环保局局长没人愿意当环保局局长	新华每日电讯：白林、齐雷杰	2015 年 1 月 29 日：新华网
58	环保局局长写小说谈雾霾，不让居民炒菜，到底实情还是戏说	东方卫视：崔永元	2015 年 2 月 3 日：东方卫视网
59	河北环保官员出版小说《霾来了》称一为科普二为沟通	中央人民广播电台：刘飞、李春霞、吴培	2015 年 2 月 22 日：央广网
60	一位环保局局长的“霾战”	《解放日报》周一专刊一版：陈俊珺	2015 年 3 月 9 日：解放日报网
61	霾来了，我们必须动点真格的	《解放日报》周一专刊二版：陈俊珺	2015 年 3 月 9 日：解放日报网
62	我为什么写《霾来了》	《解放日报》周一专刊三版：陈俊珺	2015 年 3 月 9 日：解放日报网
63	环保局局长和他的雾霾之城	《南方人物周刊》：李珊珊	2015 年 3 月 16 日：新浪网
64	环保局局长和他的环保小说《霾来了》	中央电视台新闻专题：童盈	2015 年：央视网
65	多家“新闻眼”客观透视廊坊治霾战果，小说《霾来了》3 月底将再版 相关报道网民点击逾 6 000 万人次，2 万人留言点赞	《廊坊日报》：刘杰	2015 年 3 月 18 日：腾讯网、搜狐网
66	环保局局长的小说	《人民日报·环球时报》英文版：张娱	2015 年 3 月 21 日：人民网
67	李春元：一个环保局局长的小说“呐喊”	《中国新闻周刊》：陈涛	2015 年 4 月 6 日：中国新闻周刊网
68	廊坊市环保局局长与他的雾霾小说	《北京晚报》：魏婧	2015 年 4 月 9 日：网易河北、河北经济网

序号	刊载（播放）文稿（音像）标题	刊播媒体与作者	时间与阅读网站
69	一声呐喊“霾来了”火了环保局副局长	《新京报》：邓琦	2015 年 4 月 10 日：新浪网、腾讯网、搜狐网
70	李春元：没想到日子这么不好过	《新华网·国际先驱导报》：任丽颖	2015 年 5 月 14 日：新华网
71	李春元：小说是拨开雾霾的一个答案	方圆：沈寅飞	2015 年 6 月 24 日：方圆网

《战霾三部曲》之《霾之殇》媒体重点报道与评论阅读索引

序号	刊播文稿（音像）标题	刊播媒体与作者	时间与阅读网站
01	《霾之殇》（李春元）【摘要 书评 试读】	京东图书	2015 年 11 月 1 日：京东商城
02	望元实说《霾之殇》	《廊坊日报》：孟德明	2015 年 11 月 5 日：廊坊传媒网、腾讯网
03	环保局局长写雾霾小说，刺痛了谁？	新华社记者：白林	2015 年 11 月 9 日：新华网、人民网、凤凰网
04	雾霾三部曲之二《霾之殇》今出版	《廊坊日报》：孟德明	2015 年 11 月 10 日：廊坊传媒网、腾讯网
05	《霾之殇》读后感	图书试用网：老何	2015 年 11 月 23 日：图书试用网、腾讯网
06	廊坊市环保局副局长出第二部雾霾小说，称素材包括了工作实践	澎湃网	2015 年 11 月 23 日：澎湃网、网易新闻
07	廊坊市环保局副局长推出第二部雾霾小说《霾之殇》	燕赵都市网	2015 年 11 月 23 日：燕赵都市网、新华网
08	廊坊市环保局副局长写雾霾小说	《北京晨报》	2015 年 11 月 23 日：《北京晨报》、人民网
09	河北廊坊环保官员出版第二部“雾霾小说”	中国法治报道网	2015 年 11 月 23 日：中国法治报道网、中新网
10	官员拟创作“雾霾三部曲”写书讲述官场商场博弈	央广网	2015 年 11 月 24 日：央广网、新华网、环球网、人民网、网易新闻
11	河北廊坊环保局副局长推出第二部雾霾小说	新华社：白林	2015 年 11 月 24 日：新华网、《中国日报》、网易新闻、搜狐网、凤凰资讯、华北新闻网、腾讯网、中国城市网、澎湃网、人民网、《燕赵都市报》、中国网、中国新闻网、阳光网、北京晨报、新浪网、中国法治报道网、人民政协网
12	河北廊坊环保局副局长推出第二部雾霾小说	中国日报中文网	2015 年 11 月 24 日：《中国日报》中文网、新华网、长城网
13	防霾治污，还需公众行动起来	张家界在线	2015 年 11 月 25 日：张家界在线

序号	刊播文稿（音像）标题	刊播媒体与作者	时间与阅读网站
14	廊坊环保局副局长推出第二部雾霾小说《霾之殇》	长城网综合：小离	2015 年 11 月 25 日：长城网、河北新闻网、凤凰网
15	环保局局长写《霾之殇》：再向治霾呐喊	《法制晚报》：丁雪	2015 年 11 月 25 日：法制晚报网、新华网
16	环保局官员写治霾小说 朋友劝“得罪人干啥”	《法制晚报》：丁雪	2015 年 11 月 25 日：法制晚报网、中国新闻网
17	官员用笔治霾谁之痛	中国江苏网：雁南飞	2015 年 11 月 26 日：中国江苏网、新浪网
18	环保小说《霾之殇》出版	《人民日报》海外版	2015 年 11 月 28 日：《人民日报》海外版、人民网
19	人物回顾：李春元“说”霾	中央电视台：白岩松	2015 年 11 月 28 日：《新闻周刊》
20	出版小说是为了推进治霾	网易新闻	2015 年 11 月 29 日：网易新闻
21	小说《霾之殇》受媒体和公众热评	《廊坊日报》：孟德明	2015 年 12 月 1 日：廊坊传媒网、腾讯网
22	河北廊坊环保局副局长自创“雾霾三部曲”	《钱江晚报》：黄小星	2015 年 12 月 12 日：《钱江晚报》、中国江西网
23	《霾来了》《霾之殇》官员两部治霾小说称言行合一	国搜国情	2015 年 12 月 12 日：国搜国情
24	官员不能唯唯诺诺吃现成饭	新浪新闻	2015 年 12 月 12 日：新浪新闻
25	环保局局长和他的《霾之殇》	《河北青年报》：张翠平	2015 年 12 月 16 日：《河北青年报》、浙江新闻网、长城网
26	《霾之殇》：呼唤社会各界同心治霾	《惠州日报》	2015 年 12 月 29 日：今日惠州网、新浪网
27	霾之殇（故事梗概）	中国作家网	2016 年 1 月 6 日：中国作家网
28	廊坊打“环保战役”留碧水蓝天	人民网：史自强 孙亚安 刘玉 张迪	2016 年 1 月 20 日：人民网、凤凰网
29	我的愿望清单 环保局长李春元：让蓝天更多一些	中央电视台：童盈	2016 年 2 月 11 日：《新闻直播间》
30	《霾来了》+《霾之殇》来了	环境与生活网	2016 年 3 月 29 日：环境与生活网山东频道
31	廊坊市环保局副局长：治霾只能用笨办法，宁可不要 12 月 GDP	澎湃新闻：李蕊	2016 年 12 月 30 日：网易新闻、环球网

《战霾三部曲》之《霾爻谣》媒体重点报道与评论阅读索引

序号	刊播文稿（音像）标题	刊播媒体与作者	时间与阅读网站
01	环保人心声：治霾，我们一刻不放松！	《河北日报》：解丽达	2017 年 1 月 4 日：《廊坊日报》、《东方头条》
02	上下同欲者胜	《廊坊日报》：葛雪梅	2017 年 1 月 27 日：《廊坊都市报》、《廊坊零距离》

序号	刊播文稿（音像）标题	刊播媒体与作者	时间与阅读网站
03	雾霾三部曲之三《霾爻谣》出版	《廊坊日报》：王泽明	2017年2月13日：河北新闻网、人民网、中国网、腾讯网
04	孟繁彪为《霾爻谣》作序：生态财富的文学表达	《廊坊日报》：孟繁彪	2017年2月13日：中国社会科学网、网易河北
05	《霾爻谣》出版发行引起广泛关注	《廊坊日报》：曹世勇	2017年2月15日：河北人民政府网、廊坊人民政府网
06	治霾小说《霾爻谣》出版	《人民日报》：文言	2017年2月18日：人民网、搜狐新闻、中国社会科学网
07	新华社："战霾三部曲"收官作《霾爻谣》出版发行	新华网	2017年2月22日：《河北日报》、河北新闻网
08	"战霾三部曲"收官作《霾爻谣》出版发行	《河北日报》：王泽明	2017年2月22日：新华网、河北新闻网
09	你好，我的国丨铁腕治污的力度与铁腕反腐同样	搜狐网：李春元	2017年3月9日：搜狐新闻、廊坊人民政府网、中国环境网
10	语音版~你好，我的国丨铁腕治污的力度与铁腕反腐同样	真气网	2017年3月10日：真气网
11	把治霾小说拍成连续剧？	《中国环境报》	2017年4月19日：中国环境网、天涯论坛
12	京津冀治霾 产业布局应有大的安排	《新京报》：邓琦	2017年5月5日：网易新闻、新浪财经、中国网
13	争当环保宣传员 誓做蓝天小卫士	《廊坊都市报》：贾树敏	2017年5月9日：《廊坊都市报》
14	历时三载续凯歌 书香之地诞佳作	《廊坊日报》：王泽明	2017年5月16日：河北新闻网
15	【真气小编】——我所见到的战霾局长李春元	真气网	2017年5月22：真气网、真气网公众号
16	万余网民热评《战霾三部曲》	《廊坊日报》：葛雪梅	2017年5月27日
17	廊坊本土作家李春元《战霾三部曲》亮相书博会	环京津新闻网	2017年5月31日：廊坊政府网
18	"书博会"现场防霾作家李春元都讲了啥？	环京津新闻网	2017年5月31日：腾讯视频
19	我市著名作家李春元深情讲述《战霾三部曲》	《廊坊日报》：赵然	2017年6月1日：廊坊人民政府网
20	小说"战霾三部曲"出版	《人民日报》：季文	2017年6月10日：人民网、搜狐网
21	人民日报刊文推介《战霾三部曲》——中国向世界发布治霾名片	真气网	2017年6月10日：真气网公众号
22	环保小说《霾来了》荣获省"五个一工程"奖	《廊坊日报》：马越 吕新颖	2018年3月2日：网易新闻、《河北日报》、河北新闻网
23	环保局副局长：96万字小说记录治霾故事	《北京日报》：李如意	2018年5月25日：搜狐网、凤凰网